# 아이스크림아 더 연산

숲속

# 왜, 『더 연산』일까요?

## 수학은 기초가 중요한 학문입니다.

기초가 튼튼하지 않으면 학년이 올라갈수록 수학을 마주하기 어려워지고, 그로 인해 수포자도 생기게 됩니다.
이러한 이유는 수학은 계통성이 강한 학문이기 때문입니다.
수학의 기초가 부족하면 후속 학습에 영향을 주게 되므로 기초는 무엇보다 중요합니다.
또한 기초가 튼튼하면 문제를 해결하는 힘이 생기고 학습에 자신감이 붙게 되므로 기초를 단단히 해야 합니다.

## 수학의 기초는 연산부터 시작합니다.

『더 연산』은 초등학교 1학년부터 6학년까지의 전체 연산을 모두 모아 덧셈, 뺄셈, 곱셈, 나눗셈을 각 1권으로,
분수, 소수를 각 2권으로 구성하여 계통성을 살려 집중적으로 학습하는 교재입니다(* 아래 표 참고).
연산을 집중적으로 학습하여 부족한 부분은 보완하고, 학습의 흐름을 이해할 수 있게 하였습니다.

| 1-1 | 1-2 | 2-1 | 2-2 | 소수 A | |
| --- | --- | --- | --- | --- | --- |
| | | | | **3-1** | **3-2** |
| 9까지의 수 | 100까지의 수 | 세 자리 수 | 네 자리 수 | 덧셈과 뺄셈 | 곱셈 |
| 여러 가지 모양 | 덧셈과 뺄셈 | 여러 가지 도형 | 곱셈구구 | 평면도형 | 나눗셈 |
| 덧셈과 뺄셈 | 여러 가지 모양 | 덧셈과 뺄셈 | 길이 재기 | 나눗셈 | 원 |
| 비교하기 | 덧셈과 뺄셈 | 길이 재기 | 시각과 시간 | 곱셈 | 분수 |
| 50까지의 수 | 시계 보기와 규칙 찾기 | 분류하기 | 표와 그래프 | 길이와 시간 | 들이와 무게 |
| – | 덧셈과 뺄셈 | 곱셈 | 규칙 찾기 | 분수와 소수 | 자료의 정리 |

소수를 처음 배우는 시기이므로 소수가 무엇인지부터 확실히 이해하도록 반복해서 학습해야 해요.
소수 개념을 이해하고 나면 소수의 덧셈, 뺄셈, 더 나아가 곱셈, 나눗셈도 도전해 보세요.

『더 연산』은 아래와 같은 상황에 더 필요하고 유용한 교재입니다.

★ 이전 학년 또는 이전 학기에 배운 내용을 다시 학습해야 할 필요가 있을 때,
★ 학기와 학기 사이에 배우지 않는 시기가 생길 때,
★ 현재 학습 내용을 이전 학습, 이후 학습과 연결하여 학습 내용에 대한 이해를 더 견고하게 하고 싶을 때,
★ 이후에 배울 내용을 미리 공부하고 싶을 때,

『더 연산』이 적합합니다.
『더 연산』은 부담스럽지 않고 꾸준히 학습할 수 있게 하루에 한 주제 분량으로 구성하였습니다.
한 주제는 간단히 개념을 확인한 후 4쪽 분량으로 연습하도록 구성하여 지치지 않게 꾸준히 학습하는 습관을
기를 수 있도록 하였습니다.

* 학기 구성의 예

| 4-1 | 4-2 |
| --- | --- |
| 큰 수 | 분수의 덧셈과 뺄셈 |
| 각도 | 삼각형 |
| 곱셈과 나눗셈 | 소수의 덧셈과 뺄셈 |
| 평면도형의 이동 | 사각형 |
| 막대그래프 | 꺾은선그래프 |
| 규칙 찾기 | 다각형 |

**소수 B**

| 5-1 | 5-2 | 6-1 | 6-2 |
| --- | --- | --- | --- |
| 자연수의 혼합 계산 | 수의 범위와 어림하기 | 분수의 나눗셈 | 분수의 나눗셈 |
| 약수와 배수 | 분수의 곱셈 | 각기둥과 각뿔 | 소수의 나눗셈 |
| 규칙과 대응 | 합동과 대칭 | 소수의 나눗셈 | 공간과 입체 |
| 약분과 통분 | 소수의 곱셈 | 비와 비율 | 비례식과 비례배분 |
| 분수의 덧셈과 뺄셈 | 직육면체 | 여러 가지 그래프 | 원의 넓이 |
| 다각형의 둘레와 넓이 | 평균과 가능성 | 직육면체의 겉넓이와 부피 | 원기둥, 원뿔, 구 |

3학년 때 배운 소수에 대한 이해를 단단하게 하기 위해 이전에 배운 내용을 복습하고
소수의 덧셈, 뺄셈을 학습해요. 덧셈, 뺄셈을 학습하고 나면 곱셈, 나눗셈도 도전해 보세요.

# 구성과 특징

출발!

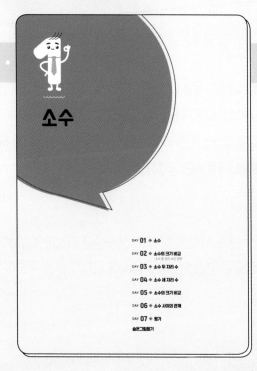

소수

**1** 공부할 내용을
미리 확인해요.

**2** 주제별 문제를 해결해요.

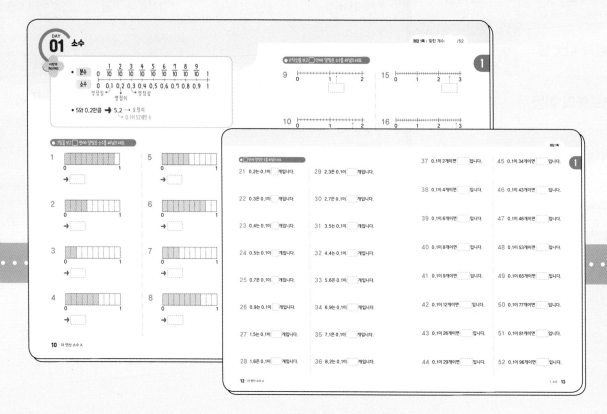

도착!

**4**

그림을 찾으며
잠시 쉬어 가요.

**3**

단원을 마무리해요.

## 숨은그림 찾기

정답 7쪽

≫ 숨은 그림 8개를 찾아보세요.

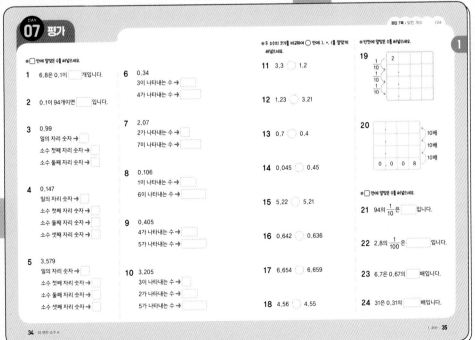

### DAY 07 평가

정답 7쪽 | 맞힌 개수: /24

● ☐ 안에 알맞은 수를 써넣으세요.

1  6.8은 0.1이 ☐개입니다.

2  0.1이 94개이면 ☐입니다.

3  0.99
   일의 자리 숫자 →
   소수 첫째 자리 숫자 →
   소수 둘째 자리 숫자 →

4  0.147
   일의 자리 숫자 →
   소수 첫째 자리 숫자 →
   소수 둘째 자리 숫자 →
   소수 셋째 자리 숫자 →

5  3.579
   일의 자리 숫자 →
   소수 첫째 자리 숫자 →
   소수 둘째 자리 숫자 →
   소수 셋째 자리 숫자 →

6  0.34
   3이 나타내는 수 →
   4가 나타내는 수 →

7  2.07
   2가 나타내는 수 →
   7이 나타내는 수 →

8  0.106
   1이 나타내는 수 →
   6이 나타내는 수 →

9  0.405
   4가 나타내는 수 →
   5가 나타내는 수 →

10  3.205
   3이 나타내는 수 →
   2가 나타내는 수 →
   5가 나타내는 수 →

● 두 소수의 크기를 비교하여 ○ 안에 >, =, <를 알맞게 써넣으세요.

11  3.3 ○ 1.2

12  1.23 ○ 3.21

13  0.7 ○ 0.4

14  0.045 ○ 0.45

15  5.22 ○ 5.21

16  0.642 ○ 0.636

17  6.654 ○ 6.659

18  4.56 ○ 4.55

● 빈칸에 알맞은 수를 써넣으세요.

19  $\frac{1}{10}$ $\frac{1}{10}$ $\frac{1}{10}$ $\frac{1}{10}$   2

20   0  0  0  8   10배 10배 10배

● ☐ 안에 알맞은 수를 써넣으세요.

21  94의 $\frac{1}{10}$은 ☐입니다.

22  2.8의 $\frac{1}{100}$은 ☐입니다.

23  6.7은 0.67의 ☐배입니다.

24  31은 0.31의 ☐배입니다.

# 차례

# 3

## 소수의 뺄셈

# 공부 습관, 하루를 쌓아요!

○ 공부한 내용에 맞게 공부한 날짜를 적고, 만족한 정도만큼 √표 해요.

| 공부한 내용 | 공부한 날짜 | √ 확인 😄 😊 😟 |
|---|---|---|
| DAY **01** 소수 | 월 일 | ▢ ▢ ▢ |
| DAY **02** 소수의 크기 비교: 소수 한 자리 수인 경우 | 월 일 | ▢ ▢ ▢ |
| DAY **03** 소수 두 자리 수 | 월 일 | ▢ ▢ ▢ |
| DAY **04** 소수 세 자리 수 | 월 일 | ▢ ▢ ▢ |
| DAY **05** 소수의 크기 비교 | 월 일 | ▢ ▢ ▢ |
| DAY **06** 소수 사이의 관계 | 월 일 | ▢ ▢ ▢ |
| DAY **07** 평가 | 월 일 | ▢ ▢ ▢ |
| DAY **08** (소수 한 자리 수)+(소수 한 자리 수): 받아올림이 없는 경우 | 월 일 | ▢ ▢ ▢ |
| DAY **09** (소수 한 자리 수)+(소수 한 자리 수): 받아올림이 있는 경우 | 월 일 | ▢ ▢ ▢ |
| DAY **10** (소수 두 자리 수)+(소수 두 자리 수): 받아올림이 없는 경우 | 월 일 | ▢ ▢ ▢ |
| DAY **11** (소수 두 자리 수)+(소수 두 자리 수): 받아올림이 있는 경우 | 월 일 | ▢ ▢ ▢ |
| DAY **12** (소수 한 자리 수)+(소수 두 자리 수) | 월 일 | ▢ ▢ ▢ |
| DAY **13** (소수 두 자리 수)+(소수 한 자리 수) | 월 일 | ▢ ▢ ▢ |
| DAY **14** (자연수)+(소수 한 자리 수), (소수 한 자리 수)+(자연수) | 월 일 | ▢ ▢ ▢ |
| DAY **15** (자연수)+(소수 두 자리 수), (소수 두 자리 수)+(자연수) | 월 일 | ▢ ▢ ▢ |
| DAY **16** 평가 | 월 일 | ▢ ▢ ▢ |
| DAY **17** (소수 한 자리 수)−(소수 한 자리 수): 받아내림이 없는 경우 | 월 일 | ▢ ▢ ▢ |
| DAY **18** (소수 한 자리 수)−(소수 한 자리 수): 받아내림이 있는 경우 | 월 일 | ▢ ▢ ▢ |
| DAY **19** (소수 두 자리 수)−(소수 두 자리 수): 받아내림이 없는 경우 | 월 일 | ▢ ▢ ▢ |
| DAY **20** (소수 두 자리 수)−(소수 두 자리 수): 받아내림이 있는 경우 | 월 일 | ▢ ▢ ▢ |
| DAY **21** (소수 한 자리 수)−(소수 두 자리 수) | 월 일 | ▢ ▢ ▢ |
| DAY **22** (소수 두 자리 수)−(소수 한 자리 수) | 월 일 | ▢ ▢ ▢ |
| DAY **23** (자연수)−(소수 한 자리 수), (소수 한 자리 수)−(자연수) | 월 일 | ▢ ▢ ▢ |
| DAY **24** (자연수)−(소수 두 자리 수), (소수 두 자리 수)−(자연수) | 월 일 | ▢ ▢ ▢ |
| DAY **25** 평가 | 월 일 | ▢ ▢ ▢ |

# 소수

# DAY 01 소수

이렇게
계산해요

- 분수

$$\frac{1}{10} \quad \frac{2}{10} \quad \frac{3}{10} \quad \frac{4}{10} \quad \frac{5}{10} \quad \frac{6}{10} \quad \frac{7}{10} \quad \frac{8}{10} \quad \frac{9}{10}$$
0                                 1

- 소수

0   0.1   0.2   0.3   0.4   0.5   0.6   0.7   0.8   0.9   1

영점일      영점이      영점삼

- 5와 0.2만큼 ➡ 5.2 ⟶ 오점이

                     ↳ 0.1이 52개인 수

● 그림을 보고 ☐ 안에 알맞은 소수를 써넣으세요.

**1**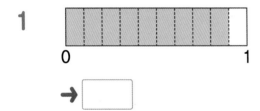

0               1

→ ☐

**2**

0               1

→ ☐

**3**

0               1

→ ☐

**4**

0               1

→ ☐

**5**

0               1

→ ☐

**6**

0               1

→ ☐

**7**

0               1

→ ☐

**8**

0               1

→ ☐

**1**

● 수직선을 보고 ☐ 안에 알맞은 소수를 써넣으세요.

9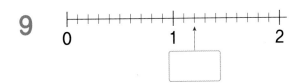

15

10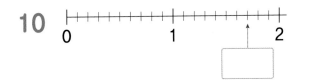

16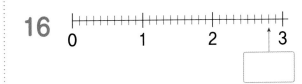

11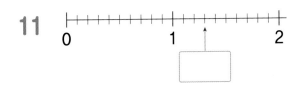

17

12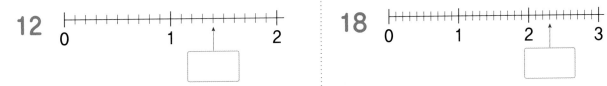

18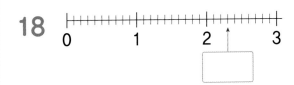

13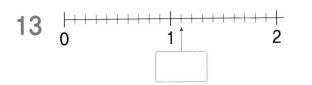

19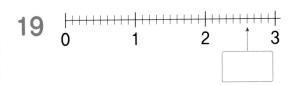

14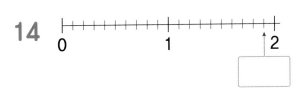

20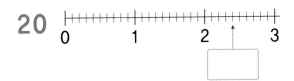

**21** 0.2는 0.1이 ⬜ 개입니다.

**22** 0.3은 0.1이 ⬜ 개입니다.

**23** 0.4는 0.1이 ⬜ 개입니다.

**24** 0.5는 0.1이 ⬜ 개입니다.

**25** 0.7은 0.1이 ⬜ 개입니다.

**26** 0.9는 0.1이 ⬜ 개입니다.

**27** 1.5는 0.1이 ⬜ 개입니다.

**28** 1.6은 0.1이 ⬜ 개입니다.

**29** 2.3은 0.1이 ⬜ 개입니다.

**30** 2.7은 0.1이 ⬜ 개입니다.

**31** 3.5는 0.1이 ⬜ 개입니다.

**32** 4.4는 0.1이 ⬜ 개입니다.

**33** 5.6은 0.1이 ⬜ 개입니다.

**34** 6.9는 0.1이 ⬜ 개입니다.

**35** 7.1은 0.1이 ⬜ 개입니다.

**36** 8.2는 0.1이 ⬜ 개입니다.

**1**

**37** 0.1이 2개이면 [    ] 입니다.

**38** 0.1이 4개이면 [    ] 입니다.

**39** 0.1이 6개이면 [    ] 입니다.

**40** 0.1이 8개이면 [    ] 입니다.

**41** 0.1이 9개이면 [    ] 입니다.

**42** 0.1이 12개이면 [    ] 입니다.

**43** 0.1이 26개이면 [    ] 입니다.

**44** 0.1이 29개이면 [    ] 입니다.

**45** 0.1이 34개이면 [    ] 입니다.

**46** 0.1이 43개이면 [    ] 입니다.

**47** 0.1이 46개이면 [    ] 입니다.

**48** 0.1이 53개이면 [    ] 입니다.

**49** 0.1이 65개이면 [    ] 입니다.

**50** 0.1이 77개이면 [    ] 입니다.

**51** 0.1이 81개이면 [    ] 입니다.

**52** 0.1이 96개이면 [    ] 입니다.

# 소수의 크기 비교

: 소수 한 자리 수인 경우

이렇게
계산해요

| 0.5 | 0.7 |   | 3.4 | 1.9 |

소수점을 기준으로
왼쪽에 있는 수가 같으면
오른쪽에 있는 수가 클수록
큰 수예요.

→ 0.5 $<$ 0.7

소수점을 기준으로
왼쪽에 있는 수가 다르면
왼쪽에 있는 수가 클수록
큰 수예요.

→ 3.4 $>$ 1.9

● 주어진 소수만큼 색칠하고, ◯ 안에 >, =, <를 알맞게 써넣으세요.

1  0.8

0

1

→ 0.8 ◯ 0.6

0.6

0

1

2  1.3

0

1

2

1.4

0

1

2

→ 1.3 ◯ 1.4

3  2.2

0

1

2

3

1.9

0

1

2

3

→ 2.2 ◯ 1.9

**1**

● 두 소수의 크기를 비교하여 ◯ 안에 >, =, <를 알맞게 써넣으세요.

**4** 0.1 ◯ 0.4

**5** 0.3 ◯ 0.2

**6** 0.3 ◯ 0.9

**7** 0.5 ◯ 0.8

**8** 0.6 ◯ 0.5

**9** 0.7 ◯ 0.6

**10** 0.8 ◯ 0.8

**11** 0.8 ◯ 0.9

**12** 1.6 ◯ 1.2

**13** 2.9 ◯ 2.8

**14** 3.1 ◯ 3.3

**15** 5.3 ◯ 5.4

**16** 6.6 ◯ 6.9

**17** 7.1 ◯ 7.1

**18** 8.4 ◯ 8.5

**19** 9.1 ◯ 9.3

20  0.9 ◯ 1.2

21  0.9 ◯ 1.8

22  1.3 ◯ 2.3

23  1.4 ◯ 2.2

24  1.5 ◯ 0.7

25  1.7 ◯ 4.7

26  1.9 ◯ 0.9

27  1.9 ◯ 2.9

28  2.2 ◯ 1.2

29  2.4 ◯ 4.2

30  2.5 ◯ 3.5

31  2.8 ◯ 6.3

32  3.1 ◯ 1.4

33  3.2 ◯ 2.6

34  3.6 ◯ 6.3

35  3.8 ◯ 4.1

**1**

36  4.1 ◯ 3.9

37  4.2 ◯ 3.7

38  4.3 ◯ 0.8

39  4.5 ◯ 5.4

40  4.9 ◯ 5.1

41  5.9 ◯ 6.6

42  6.1 ◯ 7.1

43  6.2 ◯ 5.9

44  6.7 ◯ 5.3

45  7.1 ◯ 5.1

46  7.2 ◯ 7.8

47  7.6 ◯ 9.1

48  8.3 ◯ 3.8

49  8.3 ◯ 9.3

50  9.2 ◯ 8.8

51  9.9 ◯ 0.9

# DAY 03 소수 두 자리 수

**이렇게 계산해요**

1.23     일 점 이삼

일의 자리 숫자 → 1을 나타내요.

소수 첫째 자리 숫자 → 0.2를 나타내요.

소수 둘째 자리 숫자 → 0.03을 나타내요.

● 모눈종이 1개의 크기가 1일 때 색칠한 부분의 크기를 소수로 나타내어 보세요.

1
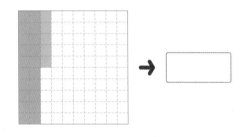
→ ☐

2
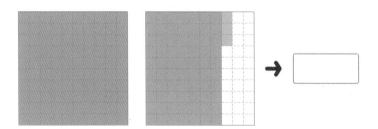
→ ☐

3
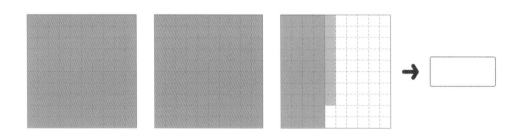
→ ☐

4
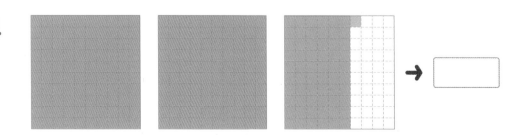
→ ☐

**1**

● 수직선을 보고 ☐ 안에 알맞은 소수를 써넣으세요.

5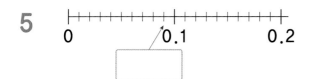

11

6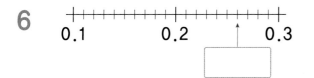

12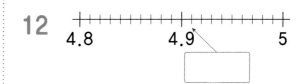

7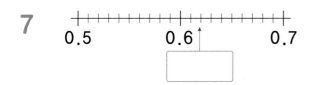

13

8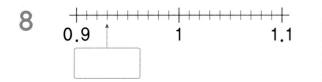

14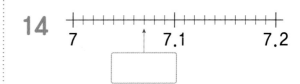

9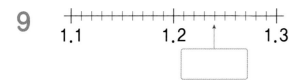

15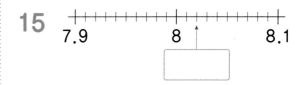

10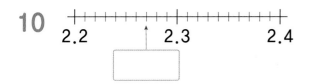

16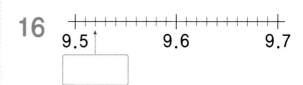

● ☐ 안에 알맞은 수를 써넣으세요.

**17** 0.17

일의 자리 숫자 → ☐

소수 첫째 자리 숫자 → ☐

소수 둘째 자리 숫자 → ☐

**18** 0.86

일의 자리 숫자 → ☐

소수 첫째 자리 숫자 → ☐

소수 둘째 자리 숫자 → ☐

**19** 1.29

일의 자리 숫자 → ☐

소수 첫째 자리 숫자 → ☐

소수 둘째 자리 숫자 → ☐

**20** 2.45

일의 자리 숫자 → ☐

소수 첫째 자리 숫자 → ☐

소수 둘째 자리 숫자 → ☐

**21** 4.92

일의 자리 숫자 → ☐

소수 첫째 자리 숫자 → ☐

소수 둘째 자리 숫자 → ☐

**22** 5.21

일의 자리 숫자 → ☐

소수 첫째 자리 숫자 → ☐

소수 둘째 자리 숫자 → ☐

**23** 6.25

일의 자리 숫자 → ☐

소수 첫째 자리 숫자 → ☐

소수 둘째 자리 숫자 → ☐

**24** 8.31

일의 자리 숫자 → ☐

소수 첫째 자리 숫자 → ☐

소수 둘째 자리 숫자 → ☐

**25** 0.28

2가 나타내는 수 ➜ ☐

8이 나타내는 수 ➜ ☐

**26** 0.46

4가 나타내는 수 ➜ ☐

6이 나타내는 수 ➜ ☐

**27** 0.51

5가 나타내는 수 ➜ ☐

1이 나타내는 수 ➜ ☐

**28** 0.72

7이 나타내는 수 ➜ ☐

2가 나타내는 수 ➜ ☐

**29** 0.83

8이 나타내는 수 ➜ ☐

3이 나타내는 수 ➜ ☐

**30** 0.95

9가 나타내는 수 ➜ ☐

5가 나타내는 수 ➜ ☐

**31** 1.25

1이 나타내는 수 ➜ ☐

2가 나타내는 수 ➜ ☐

5가 나타내는 수 ➜ ☐

**32** 3.69

3이 나타내는 수 ➜ ☐

6이 나타내는 수 ➜ ☐

9가 나타내는 수 ➜ ☐

**33** 4.56

4가 나타내는 수 ➜ ☐

5가 나타내는 수 ➜ ☐

6이 나타내는 수 ➜ ☐

**34** 7.31

7이 나타내는 수 ➜ ☐

3이 나타내는 수 ➜ ☐

1이 나타내는 수 ➜ ☐

**35** 9.87

9가 나타내는 수 ➜ ☐

8이 나타내는 수 ➜ ☐

7이 나타내는 수 ➜ ☐

# 소수 세 자리 수

**1.234**  일 점 이삼사

일의 자리 숫자 → 1을 나타내요.

소수 첫째 자리 숫자 → 0.2를 나타내요.

소수 둘째 자리 숫자 → 0.03을 나타내요.

소수 셋째 자리 숫자 → 0.004를 나타내요.

● 모눈종이 1개의 크기가 1일 때 색칠한 부분의 크기를 소수로 나타내어 보세요.

1

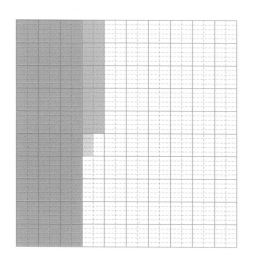

→ [        ]

2

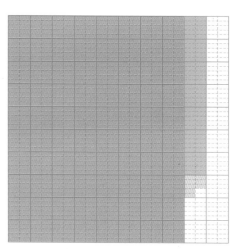

→ [        ]

**1**

● 수직선을 보고 ☐ 안에 알맞은 소수를 써넣으세요.

**3**

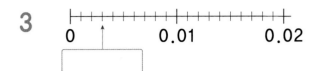

0      0.01      0.02

**9**

4.34      4.35      4.36

**4**

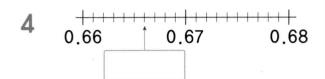

0.66      0.67      0.68

**10**

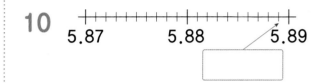

5.87      5.88      5.89

**5**

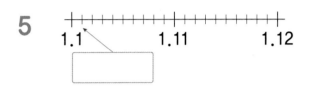

1.1      1.11      1.12

**11**

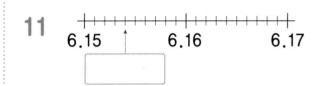

6.15      6.16      6.17

**6**

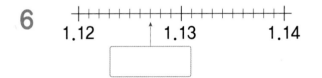

1.12      1.13      1.14

**12**

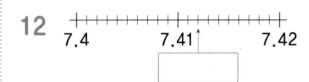

7.4      7.41      7.42

**7**

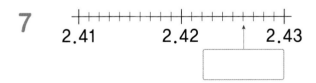

2.41      2.42      2.43

**13**

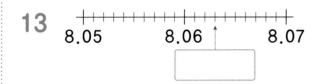

8.05      8.06      8.07

**8**

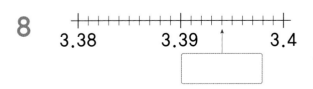

3.38      3.39      3.4

**14**

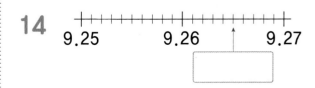

9.25      9.26      9.27

**15** 0.042

일의 자리 숫자 → ☐

소수 첫째 자리 숫자 → ☐

소수 둘째 자리 숫자 → ☐

소수 셋째 자리 숫자 → ☐

**16** 0.672

일의 자리 숫자 → ☐

소수 첫째 자리 숫자 → ☐

소수 둘째 자리 숫자 → ☐

소수 셋째 자리 숫자 → ☐

**17** 1.257

일의 자리 숫자 → ☐

소수 첫째 자리 숫자 → ☐

소수 둘째 자리 숫자 → ☐

소수 셋째 자리 숫자 → ☐

**18** 2.943

일의 자리 숫자 → ☐

소수 첫째 자리 숫자 → ☐

소수 둘째 자리 숫자 → ☐

소수 셋째 자리 숫자 → ☐

**19** 4.456

일의 자리 숫자 → ☐

소수 첫째 자리 숫자 → ☐

소수 둘째 자리 숫자 → ☐

소수 셋째 자리 숫자 → ☐

**20** 5.276

일의 자리 숫자 → ☐

소수 첫째 자리 숫자 → ☐

소수 둘째 자리 숫자 → ☐

소수 셋째 자리 숫자 → ☐

**21** 8.057

일의 자리 숫자 → ☐

소수 첫째 자리 숫자 → ☐

소수 둘째 자리 숫자 → ☐

소수 셋째 자리 숫자 → ☐

**22** 9.564

일의 자리 숫자 → ☐

소수 첫째 자리 숫자 → ☐

소수 둘째 자리 숫자 → ☐

소수 셋째 자리 숫자 → ☐

**23** 0.208

2가 나타내는 수 → ☐

8이 나타내는 수 → ☐

**24** 1.357

1이 나타내는 수 → ☐

3이 나타내는 수 → ☐

5가 나타내는 수 → ☐

7이 나타내는 수 → ☐

**25** 2.479

2가 나타내는 수 → ☐

4가 나타내는 수 → ☐

7이 나타내는 수 → ☐

9가 나타내는 수 → ☐

**26** 3.964

3이 나타내는 수 → ☐

9가 나타내는 수 → ☐

6이 나타내는 수 → ☐

4가 나타내는 수 → ☐

**27** 5.678

5가 나타내는 수 → ☐

6이 나타내는 수 → ☐

7이 나타내는 수 → ☐

8이 나타내는 수 → ☐

**28** 7.043

7이 나타내는 수 → ☐

4가 나타내는 수 → ☐

3이 나타내는 수 → ☐

**29** 8.765

8이 나타내는 수 → ☐

7이 나타내는 수 → ☐

6이 나타내는 수 → ☐

5가 나타내는 수 → ☐

**30** 9.832

9가 나타내는 수 → ☐

8이 나타내는 수 → ☐

3이 나타내는 수 → ☐

2가 나타내는 수 → ☐

# 소수의 크기 비교

일의 자리, 소수 첫째 자리, 소수 둘째 자리, 소수 셋째 자리 순서로 비교하여 수가 클수록 큰 수예요.

$$1.2 < 2.2 \qquad 3.8 > 3.7$$

$$2.33 > 2.30 \qquad 4.188 < 4.189$$

↳ 끝에 0이 있다고 생각해요.

---

● 모눈종이 1개의 크기가 1일 때 주어진 소수만큼 색칠하고, ◯ 안에 >, =, <를 알맞게 써넣으세요.

**1** 0.24  0.42

→ 0.24 ◯ 0.42

**2** 0.73 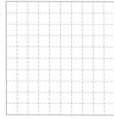 0.37

→ 0.73 ◯ 0.37

**3** 0.5  0.51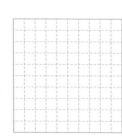

→ 0.5 ◯ 0.51

**4** 0.6  0.60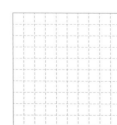

→ 0.6 ◯ 0.60

● 두 소수를 각각 수직선에 나타내고, ◯ 안에 >, =, <를 알맞게 써넣으세요.

**5** 5.1　4.8

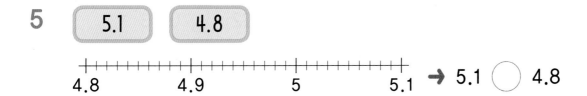

→ 5.1 ◯ 4.8

**6** 0.37　0.45

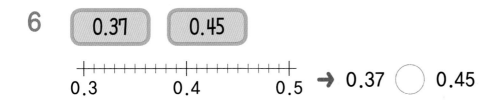

→ 0.37 ◯ 0.45

**7** 3.36　3.4

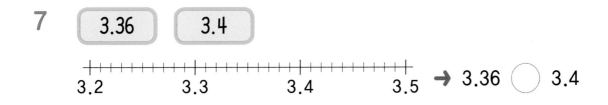

→ 3.36 ◯ 3.4

**8** 1.275　1.257

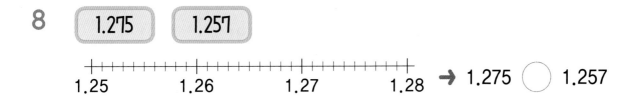

→ 1.275 ◯ 1.257

**9** 9.08　9.079

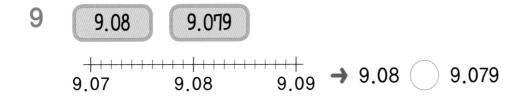

→ 9.08 ◯ 9.079

**10** 6.162　6.163

```
├┼┼┼┼┼┼┼┼┼┼┼┼┼┼┼┼┤
6.15    6.16    6.17
```

→ 6.162 ◯ 6.163

11  1.315 ◯ 2.145

12  3.69 ◯ 6.39

13  4.111 ◯ 1.444

14  5.883 ◯ 6.003

15  6.54 ◯ 3.21

16  7.77 ◯ 8.7

17  8.003 ◯ 9.003

18  9.123 ◯ 1.99

19  0.62 ◯ 0.43

20  0.3 ◯ 0.29

21  0.4 ◯ 0.36

22  0.28 ◯ 0.32

23  0.191 ◯ 0.91

24  0.061 ◯ 0.16

25  0.987 ◯ 0.789

26  1.13 ◯ 1.25

**1**

27  2.44 ◯ 2.62

28  4.3 ◯ 4.25

29  5.307 ◯ 5.185

30  8.529 ◯ 8.601

31  0.001 ◯ 0.01

32  0.15 ◯ 0.18

33  0.012 ◯ 0.021

34  0.41 ◯ 0.44

35  0.501 ◯ 0.51

36  0.8 ◯ 0.81

37  9.9 ◯ 9.99

38  0.053 ◯ 0.055

39  0.067 ◯ 0.068

40  0.912 ◯ 0.91

41  3.45 ◯ 3.451

42  7.201 ◯ 7.2

이렇게
계산해요

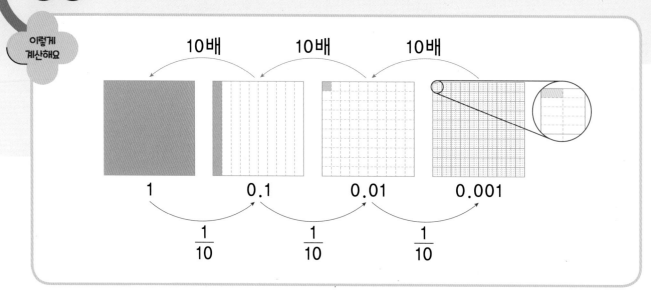

● 빈칸에 알맞은 수를 써넣으세요.

**1**

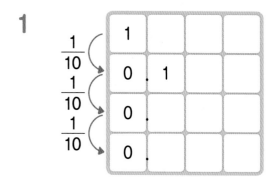

**2**

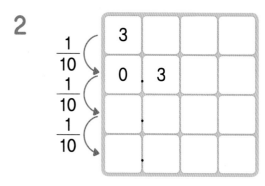

**3**

**4**

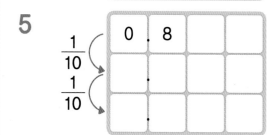

**5**

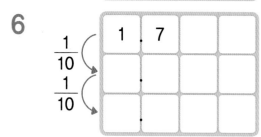

**6**

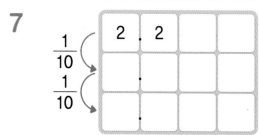

**7**

**1**

**8**

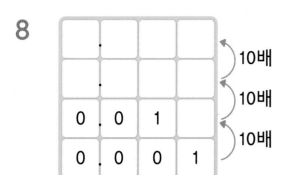

**9**

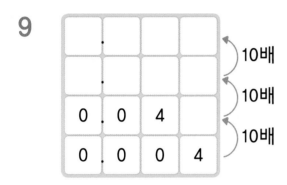

**10**

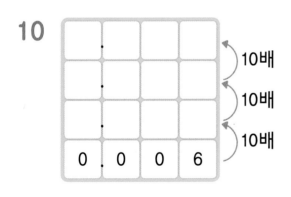

**11**

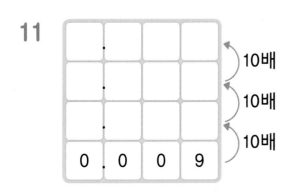

**12**

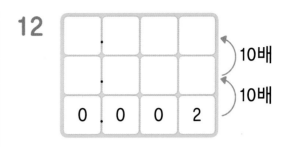

**13**

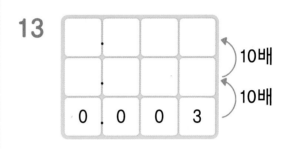

**14**

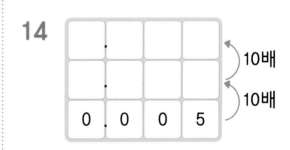

**15**

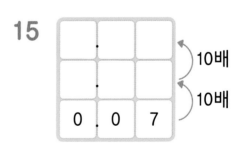

**16**

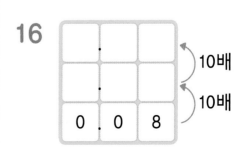

17  8의 $\frac{1}{10}$은 [    ]입니다.

18  81의 $\frac{1}{10}$은 [    ]입니다.

19  0.81의 $\frac{1}{10}$은 [    ]입니다.

20  1.85의 $\frac{1}{10}$은 [    ]입니다.

21  7.18의 $\frac{1}{10}$은 [    ]입니다.

22  12.3의 $\frac{1}{100}$은 [    ]입니다.

23  253의 $\frac{1}{100}$은 [    ]입니다.

24  0.1은 1의 [    ]입니다.

25  0.93은 9.3의 [    ]입니다.

26  1은 10의 [    ]입니다.

27  9.5는 95의 [    ]입니다.

28  0.09는 9의 [    ]입니다.

29  0.99는 99의 [    ]입니다.

30  1.175는 117.5의 [    ]입니다.

**1**

**31** 0.007의 10배는 [ ] 입니다.

**32** 0.023의 10배는 [ ] 입니다.

**33** 2.083의 10배는 [ ] 입니다.

**34** 9.03의 10배는 [ ] 입니다.

**35** 0.015의 100배는 [ ] 입니다.

**36** 0.28의 100배는 [ ] 입니다.

**37** 0.654의 100배는 [ ] 입니다.

**38** 0.05는 0.005의 [ ] 배입니다.

**39** 1은 0.1의 [ ] 배입니다.

**40** 1.59는 0.159의 [ ] 배입니다.

**41** 7.4는 0.74의 [ ] 배입니다.

**42** 314는 31.4의 [ ] 배입니다.

**43** 1.2는 0.012의 [ ] 배입니다.

**44** 25는 0.25의 [ ] 배입니다.

● ☐ 안에 알맞은 수를 써넣으세요.

**1** 6.8은 0.1이 ☐ 개입니다.

**2** 0.1이 94개이면 ☐ 입니다.

**3** 0.99

일의 자리 숫자 → ☐

소수 첫째 자리 숫자 → ☐

소수 둘째 자리 숫자 → ☐

**4** 0.147

일의 자리 숫자 → ☐

소수 첫째 자리 숫자 → ☐

소수 둘째 자리 숫자 → ☐

소수 셋째 자리 숫자 → ☐

**5** 3.579

일의 자리 숫자 → ☐

소수 첫째 자리 숫자 → ☐

소수 둘째 자리 숫자 → ☐

소수 셋째 자리 숫자 → ☐

**6** 0.34

3이 나타내는 수 → ☐

4가 나타내는 수 → ☐

**7** 2.07

2가 나타내는 수 → ☐

7이 나타내는 수 → ☐

**8** 0.106

1이 나타내는 수 → ☐

6이 나타내는 수 → ☐

**9** 0.405

4가 나타내는 수 → ☐

5가 나타내는 수 → ☐

**10** 3.205

3이 나타내는 수 → ☐

2가 나타내는 수 → ☐

5가 나타내는 수 → ☐

● 두 소수의 크기를 비교하여 ◯ 안에 〉, =, 〈를 알맞게
  써넣으세요.

**11**  3.3 ◯ 1.2

**12**  1.23 ◯ 3.21

**13**  0.7 ◯ 0.4

**14**  0.045 ◯ 0.45

**15**  5.22 ◯ 5.21

**16**  0.642 ◯ 0.636

**17**  6.654 ◯ 6.659

**18**  4.56 ◯ 4.55

● 빈칸에 알맞은 수를 써넣으세요.

**19**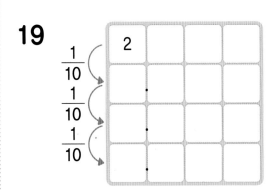

**20**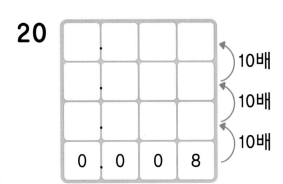

● ☐ 안에 알맞은 수를 써넣으세요.

**21**  94의 $\frac{1}{10}$ 은 ☐ 입니다.

**22**  2.8의 $\frac{1}{100}$ 은 ☐ 입니다.

**23**  6.7은 0.67의 ☐ 배입니다.

**24**  31은 0.31의 ☐ 배입니다.

 숨은그림찾기

>> 숨은 그림 8개를 찾아보세요.

# 소수의 덧셈

# DAY 08 (소수 한 자리 수)+(소수 한 자리 수)
: 받아올림이 없는 경우

이렇게 계산해요

1.6+0.1의 계산

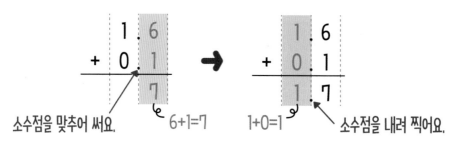

소수점을 맞추어 써요.　6+1=7　1+0=1　소수점을 내려 찍어요.

● 계산해 보세요.

1
```
    0 . 1
  + 0 . 1
```

5
```
    0 . 7
  + 1 . 1
```

2
```
    0 . 2
  + 0 . 2
```

6
```
    0 . 8
  + 2 . 1
```

3
```
    0 . 4
  + 0 . 5
```

7
```
    1 . 1
  + 2 . 3
```

4
```
    0 . 5
  + 0 . 2
```

8
```
    1 . 6
  + 1 . 3
```

**9**

```
    2 . 2
+   0 . 7
─────────
```

**14**

```
    6 . 3
+   2 . 6
─────────
```

**10**

```
    3 . 3
+   2 . 2
─────────
```

**15**

```
    6 . 5
+   0 . 3
─────────
```

**11**

```
    3 . 4
+   2 . 3
─────────
```

**16**

```
    7 . 5
+   1 . 3
─────────
```

**12**

```
    4 . 1
+   0 . 6
─────────
```

**17**

```
    8 . 1
+   0 . 8
─────────
```

**13**

```
    5 . 1
+   2 . 5
─────────
```

**18**

```
    8 . 5
+   1 . 2
─────────
```

19

$$\begin{array}{r} 0.2 \\ +\ 0.1 \\ \hline \end{array}$$

20

$$\begin{array}{r} 0.3 \\ +\ 0.6 \\ \hline \end{array}$$

21

$$\begin{array}{r} 0.5 \\ +\ 0.3 \\ \hline \end{array}$$

22

$$\begin{array}{r} 1.3 \\ +\ 2.4 \\ \hline \end{array}$$

23

$$\begin{array}{r} 1.4 \\ +\ 1.4 \\ \hline \end{array}$$

24

$$\begin{array}{r} 2.2 \\ +\ 4.7 \\ \hline \end{array}$$

25

$$\begin{array}{r} 2.3 \\ +\ 1.4 \\ \hline \end{array}$$

26

$$\begin{array}{r} 3.6 \\ +\ 6.3 \\ \hline \end{array}$$

27

$$\begin{array}{r} 4.3 \\ +\ 4.2 \\ \hline \end{array}$$

28

$$\begin{array}{r} 4.5 \\ +\ 5.3 \\ \hline \end{array}$$

**29** $4.6+0.1=$

**30** $5.1+1.1=$

**31** $5.3+2.3=$

**32** $5.6+4.1=$

**33** $6.1+2.6=$

**34** $6.2+1.3=$

**35** $6.3+3.4=$

**36** $6.7+0.1=$

**37** $7.1+1.8=$

**38** $7.2+0.3=$

**39** $7.4+2.5=$

**40** $7.5+0.4=$

**41** $8.4+1.2=$

**42** $9.4+0.3=$

**43** $15.1+2.5=$

**44** $20.2+1.6=$

# (소수 한 자리 수)+(소수 한 자리 수)

: 받아올림이 있는 경우

이렇게
계산해요

0.6+1.9의 계산

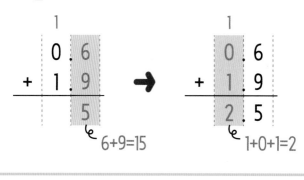

● 계산해 보세요.

**1**

|   | 0 . 3 |
|---|-------|
| + | 0 . 8 |
|   |       |

**2**

|   | 0 . 4 |
|---|-------|
| + | 0 . 7 |
|   |       |

**3**

|   | 0 . 5 |
|---|-------|
| + | 0 . 9 |
|   |       |

**4**

|   | 0 . 7 |
|---|-------|
| + | 0 . 7 |
|   |       |

**5**

|   | 0 . 8 |
|---|-------|
| + | 1 . 5 |
|   |       |

**6**

|   | 0 . 9 |
|---|-------|
| + | 2 . 8 |
|   |       |

**7**

|   | 1 . 5 |
|---|-------|
| + | 0 . 7 |
|   |       |

**8**

|   | 1 . 7 |
|---|-------|
| + | 0 . 8 |
|   |       |

**2**

9
$$
\begin{array}{r}
2.9 \\
+\ 1.5 \\
\hline
\end{array}
$$

10
$$
\begin{array}{r}
3.7 \\
+\ 1.9 \\
\hline
\end{array}
$$

11
$$
\begin{array}{r}
4.2 \\
+\ 3.9 \\
\hline
\end{array}
$$

12
$$
\begin{array}{r}
5.6 \\
+\ 0.9 \\
\hline
\end{array}
$$

13
$$
\begin{array}{r}
5.9 \\
+\ 1.8 \\
\hline
\end{array}
$$

14
$$
\begin{array}{r}
6.4 \\
+\ 1.9 \\
\hline
\end{array}
$$

2. 소수의 덧셈

15
$$
\begin{array}{r}
6.8 \\
+\ 1.7 \\
\hline
\end{array}
$$

16
$$
\begin{array}{r}
7.9 \\
+\ 0.9 \\
\hline
\end{array}
$$

17
$$
\begin{array}{r}
8.3 \\
+\ 0.8 \\
\hline
\end{array}
$$

18
$$
\begin{array}{r}
9.7 \\
+\ 2.7 \\
\hline
\end{array}
$$

19
```
    0 . 5
+   2 . 9
─────────
```

24
```
    2 . 6
+   4 . 7
─────────
```

20
```
    0 . 7
+   8 . 6
─────────
```

25
```
    3 . 3
+   8 . 8
─────────
```

21
```
    0 . 9
+   2 . 7
─────────
```

26
```
    3 . 6
+   0 . 6
─────────
```

22
```
    1 . 7
+   2 . 4
─────────
```

27
```
    4 . 6
+   2 . 8
─────────
```

23
```
    1 . 8
+   3 . 6
─────────
```

28
```
    4 . 8
+   5 . 9
─────────
```

29  5.7+4.4=

30  5.8+0.5=

31  5.9+1.6=

32  6.5+5.6=

33  6.7+5.5=

34  6.8+0.9=

35  7.3+1.7=

36  7.4+4.8=

37  7.7+1.9=

38  8.4+3.6=

39  8.5+0.6=

40  8.8+7.6=

41  9.2+7.9=

42  9.7+1.7=

43  18.7+3.5=

44  25.4+1.8=

# (소수 두 자리 수)+(소수 두 자리 수)

: 받아올림이 없는 경우

0.45+1.43의 계산

$$
\begin{array}{r}
0.4\;5 \\
+\;1.4\;3 \\
\hline
8
\end{array}
\quad\rightarrow\quad
\begin{array}{r}
0.4\;5 \\
+\;1.4\;3 \\
\hline
8\;8
\end{array}
\quad\rightarrow\quad
\begin{array}{r}
0.4\;5 \\
+\;1.4\;3 \\
\hline
1.8\;8
\end{array}
$$

5+3=8        4+4=8        0+1=1

● 계산해 보세요.

**1**
$$
\begin{array}{r}
0.0\;6 \\
+\;0.5\;1 \\
\hline
\end{array}
$$

**2**
$$
\begin{array}{r}
0.3\;1 \\
+\;0.0\;7 \\
\hline
\end{array}
$$

**3**
$$
\begin{array}{r}
0.6\;6 \\
+\;0.2\;2 \\
\hline
\end{array}
$$

**4**
$$
\begin{array}{r}
1.3\;4 \\
+\;0.4\;5 \\
\hline
\end{array}
$$

**5**
$$
\begin{array}{r}
1.4\;1 \\
+\;0.1\;4 \\
\hline
\end{array}
$$

**6**
$$
\begin{array}{r}
2.3\;5 \\
+\;0.6\;3 \\
\hline
\end{array}
$$

**7**
$$
\begin{array}{r}
2.8\;1 \\
+\;0.0\;2 \\
\hline
\end{array}
$$

**8**
$$
\begin{array}{r}
3.1\;3 \\
+\;0.4\;1 \\
\hline
\end{array}
$$

**9**

```
    3 . 4 5
+   1 . 1 1
```

**14**

```
    6 . 4 2
+   1 . 3 5
```

**10**

```
    4 . 2 1
+   0 . 6 6
```

**15**

```
    7 . 1 6
+   1 . 0 2
```

**11**

```
    4 . 3 2
+   5 . 6 7
```

**16**

```
    7 . 2 5
+   0 . 0 3
```

**12**

```
    5 . 1 1
+   1 . 0 8
```

**17**

```
    8 . 0 5
+   1 . 3 3
```

**13**

```
    5 . 1 4
+   2 . 7 3
```

**18**

```
    9 . 1 7
+   0 . 5 2
```

**19**

```
    0 . 3   2
+   0 . 6   4
_____
```

**24**

```
    2 . 1   3
+   0 . 7   2
_____
```

**20**

```
    0 . 5   5
+   1 . 3   4
_____
```

**25**

```
    2 . 3   3
+   3 . 5   6
_____
```

**21**

```
    0 . 6   4
+   3 . 2   5
_____
```

**26**

```
    3 . 0   5
+   1 . 3   2
_____
```

**22**

```
    1 . 1   5
+   0 . 0   4
_____
```

**27**

```
    3 . 2   3
+   0 . 4   1
_____
```

**23**

```
    1 . 5   3
+   2 . 4   2
_____
```

**28**

```
    4 . 1   1
+   2 . 4   6
_____
```

**29** 4.22+1.54=

**30** 4.34+0.42=

**31** 5.02+3.03=

**32** 5.15+1.23=

**33** 5.52+1.27=

**34** 6.22+1.66=

**35** 6.33+2.03=

**36** 7.26+1.43=

**37** 7.82+0.11=

**38** 8.03+1.84=

**39** 8.45+1.21=

**40** 8.86+1.03=

**41** 9.45+0.33=

**42** 9.55+0.42=

**43** 16.66+2.22=

**44** 26.14+3.51=

# (소수 두 자리 수)+(소수 두 자리 수)

: 받아올림이 있는 경우

이렇게
계산해요

0.34+1.57의 계산

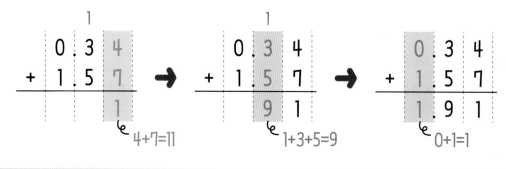

● 계산해 보세요.

**1**

```
    0 . 0   2
+   0 . 0   9
```

**2**

```
    0 . 3   6
+   0 . 1   7
```

**3**

```
    0 . 5   6
+   0 . 3   6
```

**4**

```
    0 . 7   5
+   0 . 1   8
```

**5**

```
    1 . 4   1
+   0 . 6   8
```

**6**

```
    1 . 7   3
+   0 . 4   4
```

**7**

```
    2 . 2   2
+   4 . 9   3
```

**8**

```
    2 . 4   4
+   0 . 7   5
```

**9**

```
    3 . 5  7
+   1 . 4  9
```

**10**

```
    4 . 6  8
+   1 . 7  3
```

**11**

```
    4 . 8  6
+   2 . 1  9
```

**12**

```
    5 . 5  8
+   2 . 5  7
```

**13**

```
    5 . 7  9
+   0 . 6  5
```

**14**

```
    6 . 4  8
+   4 . 7  9
```

**15**

```
    7 . 8  7
+   1 . 2  5
```

**16**

```
    8 . 3  8
+   0 . 7  9
```

**17**

```
    8 . 4  9
+   2 . 6  2
```

**18**

```
    9 . 4  8
+   3 . 7  6
```

2

19
```
    0 . 2   4
  + 0 . 3   6
  _____
```

20
```
    0 . 4   4
  + 0 . 3   8
  _____
```

21
```
    1 . 3   5
  + 3 . 4   7
  _____
```

22
```
    1 . 4   5
  + 5 . 2   7
  _____
```

23
```
    1 . 7   2
  + 2 . 0   9
  _____
```

24
```
    2 . 2   6
  + 1 . 8   1
  _____
```

25
```
    2 . 7   1
  + 4 . 9   3
  _____
```

26
```
    3 . 7   5
  + 3 . 6   2
  _____
```

27
```
    3 . 8   4
  + 2 . 6   1
  _____
```

28
```
    4 . 4   3
  + 1 . 6   6
  _____
```

**2**

29  $4.13 + 0.79 =$

30  $4.64 + 0.29 =$

31  $5.07 + 2.35 =$

32  $5.08 + 2.46 =$

33  $6.43 + 0.75 =$

34  $6.53 + 2.92 =$

35  $6.55 + 6.51 =$

36  $7.33 + 5.72 =$

37  $7.47 + 1.99 =$

38  $7.55 + 2.49 =$

39  $8.34 + 2.97 =$

40  $8.85 + 1.16 =$

41  $9.69 + 0.45 =$

42  $9.73 + 0.88 =$

43  $14.86 + 6.35 =$

44  $23.66 + 5.77 =$

# (소수 한 자리 수)+(소수 두 자리 수)

0.8+4.65의 계산

$$
\begin{array}{r}
0.8\phantom{.5} \\
+\ 4.6\ 5 \\
\hline
5 \\
\end{array}
\quad\rightarrow\quad
\overset{1}{\begin{array}{r}
0.8\phantom{.5} \\
+\ 4.6\ 5 \\
\hline
4\ 5 \\
\end{array}}
\quad\rightarrow\quad
\overset{1}{\begin{array}{r}
0.8\phantom{.5} \\
+\ 4.6\ 5 \\
\hline
5.4\ 5 \\
\end{array}}
$$

8+6=14     1+0+4=5

● 계산해 보세요.

**1**

$$
\begin{array}{r}
0.2\phantom{\ 1} \\
+\ 0.0\ 1 \\
\hline
\phantom{0.0\ 1}
\end{array}
$$

**2**

$$
\begin{array}{r}
0.6\phantom{\ 4} \\
+\ 0.2\ 4 \\
\hline
\phantom{0.2\ 4}
\end{array}
$$

**3**

$$
\begin{array}{r}
0.7\phantom{\ 1} \\
+\ 0.3\ 1 \\
\hline
\phantom{0.3\ 1}
\end{array}
$$

**4**

$$
\begin{array}{r}
1.2\phantom{\ 6} \\
+\ 0.6\ 6 \\
\hline
\phantom{0.6\ 6}
\end{array}
$$

**5**

$$
\begin{array}{r}
2.3\phantom{\ 8} \\
+\ 1.9\ 8 \\
\hline
\phantom{1.9\ 8}
\end{array}
$$

**6**

$$
\begin{array}{r}
3.3\phantom{\ 2} \\
+\ 2.2\ 2 \\
\hline
\phantom{2.2\ 2}
\end{array}
$$

**7**

$$
\begin{array}{r}
3.5\phantom{\ 7} \\
+\ 5.6\ 7 \\
\hline
\phantom{5.6\ 7}
\end{array}
$$

**8**

$$
\begin{array}{r}
4.3\phantom{\ 5} \\
+\ 3.4\ 5 \\
\hline
\phantom{3.4\ 5}
\end{array}
$$

**9**

$$\begin{array}{r} 4\ .\ 7\phantom{\ 0} \\ +\ 3\ .\ 4\ 5 \\ \hline \end{array}$$

**10**

$$\begin{array}{r} 4\ .\ 9\phantom{\ 0} \\ +\ 2\ .\ 7\ 6 \\ \hline \end{array}$$

**11**

$$\begin{array}{r} 5\ .\ 3\phantom{\ 0} \\ +\ 3\ .\ 6\ 7 \\ \hline \end{array}$$

**12**

$$\begin{array}{r} 5\ .\ 8\phantom{\ 0} \\ +\ 3\ .\ 8\ 5 \\ \hline \end{array}$$

**13**

$$\begin{array}{r} 6\ .\ 7\phantom{\ 0} \\ +\ 4\ .\ 3\ 6 \\ \hline \end{array}$$

**14**

$$\begin{array}{r} 7\ .\ 1\phantom{\ 0} \\ +\ 1\ .\ 2\ 3 \\ \hline \end{array}$$

**15**

$$\begin{array}{r} 7\ .\ 3\phantom{\ 0} \\ +\ 1\ .\ 9\ 5 \\ \hline \end{array}$$

**16**

$$\begin{array}{r} 8\ .\ 3\phantom{\ 0} \\ +\ 3\ .\ 8\ 3 \\ \hline \end{array}$$

**17**

$$\begin{array}{r} 9\ .\ 4\phantom{\ 0} \\ +\ 0\ .\ 1\ 9 \\ \hline \end{array}$$

**18**

$$\begin{array}{r} 9\ .\ 6\phantom{\ 0} \\ +\ 0\ .\ 6\ 7 \\ \hline \end{array}$$

**19**

```
    0 . 1
+ 1 . 2  3
─────────
```

**20**

```
    0 . 2
+ 5 . 3  8
─────────
```

**21**

```
    0 . 6
+ 6 . 4  1
─────────
```

**22**

```
    1 . 3
+ 4 . 8  8
─────────
```

**23**

```
    1 . 7
+ 5 . 2  3
─────────
```

**24**

```
    2 . 3
+ 6 . 4  4
─────────
```

**25**

```
    2 . 5
+ 5 . 5  4
─────────
```

**26**

```
    3 . 7
+ 2 . 1  9
─────────
```

**27**

```
    3 . 8
+ 2 . 2  2
─────────
```

**28**

```
    3 . 9
+ 4 . 0  4
─────────
```

**29** 4.1+2.98=

**30** 4.6+3.17=

**31** 5.6+2.43=

**32** 5.6+2.88=

**33** 5.7+3.18=

**34** 6.1+2.94=

**35** 6.3+2.44=

**36** 6.5+3.41=

**37** 7.7+2.71=

**38** 7.7+4.73=

**39** 8.1+0.29=

**40** 8.8+2.48=

**41** 9.8+0.67=

**42** 10.6+6.07=

**43** 16.8+5.32=

**44** 23.4+2.24=

# 13 (소수 두 자리 수)+(소수 한 자리 수)

이렇게
계산해요

2.73+0.6의 계산

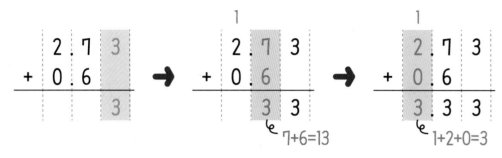

● 계산해 보세요.

**1**
```
    0 . 0  3
+   0 . 3
─────────────
```

**5**
```
    2 . 3  5
+   3 . 8
─────────────
```

**2**
```
    0 . 3  7
+   1 . 5
─────────────
```

**6**
```
    2 . 6  3
+   5 . 3
─────────────
```

**3**
```
    0 . 9  1
+   0 . 1
─────────────
```

**7**
```
    3 . 1  1
+   5 . 8
─────────────
```

**4**
```
    1 . 4  9
+   7 . 6
─────────────
```

**8**
```
    3 . 9  5
+   5 . 6
─────────────
```

**9**

```
    4 . 6 7
+   2 . 5
```

**10**

```
    5 . 2 5
+   2 . 5
```

**11**

```
    5 . 4 1
+   3 . 7
```

**12**

```
    5 . 7 5
+   2 . 5
```

**13**

```
    6 . 4 2
+   2 . 7
```

**14**

```
    7 . 0 4
+   0 . 9
```

**15**

```
    8 . 2 3
+   1 . 5
```

**16**

```
    8 . 6 3
+   6 . 5
```

**17**

```
    9 . 2 1
+   0 . 2
```

**18**

```
    9 . 9 9
+   3 . 3
```

**19**
$$
\begin{array}{r}
0.0\ 6 \\
+\ 0.2 \\
\hline
\end{array}
$$

**20**
$$
\begin{array}{r}
0.7\ 7 \\
+\ 0.5 \\
\hline
\end{array}
$$

**21**
$$
\begin{array}{r}
0.7\ 8 \\
+\ 0.2 \\
\hline
\end{array}
$$

**22**
$$
\begin{array}{r}
1.1\ 1 \\
+\ 1.1 \\
\hline
\end{array}
$$

**23**
$$
\begin{array}{r}
1.5\ 9 \\
+\ 0.8 \\
\hline
\end{array}
$$

**24**
$$
\begin{array}{r}
1.6\ 1 \\
+\ 1.6 \\
\hline
\end{array}
$$

**25**
$$
\begin{array}{r}
2.2\ 3 \\
+\ 4.5 \\
\hline
\end{array}
$$

**26**
$$
\begin{array}{r}
2.9\ 5 \\
+\ 3.1 \\
\hline
\end{array}
$$

**27**
$$
\begin{array}{r}
3.3\ 1 \\
+\ 4.5 \\
\hline
\end{array}
$$

**28**
$$
\begin{array}{r}
3.4\ 9 \\
+\ 5.6 \\
\hline
\end{array}
$$

**2**

29 $3.77+0.2=$

30 $4.37+2.8=$

31 $4.75+4.1=$

32 $5.42+4.3=$

33 $5.63+2.9=$

34 $5.72+3.7=$

35 $6.05+2.2=$

36 $6.18+3.9=$

37 $7.38+2.4=$

38 $7.67+2.6=$

39 $8.46+1.5=$

40 $8.96+5.1=$

41 $9.04+0.9=$

42 $9.44+1.8=$

43 $23.29+6.6=$

44 $25.86+3.4=$

# (자연수)+(소수 한 자리 수), (소수 한 자리 수)+(자연수)

이렇게
계산해요

**5+0.4의 계산**

```
    5           5
+  0.4  ➡  + 0 . 4
 ───────    ───────
    4       5 . 4
```
5+0=5

**2.4+1의 계산**

```
   2.4         2 . 4
+   1    ➡  +   1
 ───────    ───────
    4       3 . 4
```
2+1=3

● 계산해 보세요.

**1**
```
     1
+  0 . 6
```

**5**
```
     5
+  4 . 1
```

**2**
```
     2
+  6 . 9
```

**6**
```
     6
+  3 . 3
```

**3**
```
     3
+  1 . 1
```

**7**
```
     7
+  1 . 7
```

**4**
```
     4
+  2 . 5
```

**8**
```
     8
+  0 . 8
```

**9**

```
    0 . 7
+   3
─────────
```

**10**

```
    1 . 1
+   7
─────────
```

**11**

```
    2 . 5
+   5
─────────
```

**12**

```
    3 . 6
+   6
─────────
```

**13**

```
    4 . 4
+   4
─────────
```

**14**

```
    5 . 8
+   8
─────────
```

**15**

```
    6 . 7
+   7
─────────
```

**16**

```
    7 . 2
+   3
─────────
```

**17**

```
    8 . 6
+   1
─────────
```

**18**

```
    9 . 9
+   9
─────────
```

**19**
```
      1
  +  0 . 2
 ───────────
```

**20**
```
      1
  +  2 . 7
 ───────────
```

**21**
```
      2
  +  1 . 9
 ───────────
```

**22**
```
      3
  +  2 . 2
 ───────────
```

**23**
```
      3
  +  7 . 7
 ───────────
```

**24**
```
    4 . 3
  +  2
 ───────────
```

**25**
```
    4 . 6
  +  4
 ───────────
```

**26**
```
    5 . 4
  +  6
 ───────────
```

**27**
```
    7 . 8
  +  8
 ───────────
```

**28**
```
    8 . 1
  +  9
 ───────────
```

**2**

29  1+0.3=

30  1+4.1=

31  2+7.1=

32  3+9.1=

33  4+8.2=

34  7+3.4=

35  7+5.6=

36  8+2.5=

37  8.7+5=

38  9.7+7=

39  9.8+9=

40  10.9+8=

41  16.3+6=

42  17.4+8=

43  28.6+5=

44  29.9+10=

이렇게
계산해요

1+3.62의 계산

```
    1          2              1          2              1
+ 3.6   2   →   + 3.6      2    →   + 3.6   2
         2                  6    2            4.6   2
                                          1+3=4
```

6.32+2의 계산

```
  6.3   2          6.3   2            6.3   2
+ 2        →     + 2         →     + 2
        2                3    2       8.3   2
                                    6+2=8
```

● 계산해 보세요.

1
```
      1
+  1 . 1   1
```

2
```
      2
+  0 . 2   4
```

3
```
      3
+  0 . 5   1
```

4
```
      5
+  1 . 3   3
```

5
```
      6
+  3 . 4   5
```

6
```
      7
+  2 . 8   9
```

2

7
```
      0 . 0   5
  +   2
```

8
```
      1 . 0   1
  +   9
```

9
```
      2 . 3   4
  +   6
```

10
```
      3 . 6   9
  +   7
```

11
```
      4 . 1   7
  +   3
```

12
```
      5 . 9   3
  +   5
```

13
```
      6 . 3   1
  +   2
```

14
```
      7 . 4   6
  +   3
```

15
```
      8 . 8   8
  +   8
```

16
```
      9 . 0   1
  +   7
```

**17**
```
      1
+  0 . 0  2
```

**18**
```
      2
+  3 . 5  7
```

**19**
```
      3
+  5 . 6  4
```

**20**
```
      3
+  7 . 0  5
```

**21**
```
      4
+  7 . 9  2
```

**22**
```
   4 . 7  9
+  2
```

**23**
```
   5 . 3  5
+  4
```

**24**
```
   6 . 6  7
+  6
```

**25**
```
   7 . 8  1
+  8
```

**26**
```
   9 . 1  3
+  9
```

**27** $1+4.32=$

**28** $2+1.38=$

**29** $2+6.64=$

**30** $5+0.05=$

**31** $5+9.32=$

**32** $6+8.01=$

**33** $8+2.91=$

**34** $9+5.48=$

**35** $9.76+4=$

**36** $10.99+9=$

**37** $13.33+6=$

**38** $14.78+3=$

**39** $26.01+6=$

**40** $27.53+3=$

**41** $28.26+8=$

**42** $39.77+1=$

●계산해 보세요.

**1**
```
    0 . 2   7
  + 0 . 7   9
  _____
```

**2**
```
    0 . 3
  + 0 . 5
  _____
```

**3**
```
    0 . 5
  + 0 . 1
  _____
```

**4**
```
    0 . 6   8
  + 0 . 5   1
  _____
```

**5**
```
    0 . 7
  + 0 . 4   8
  _____
```

**6**
```
    1 . 1
  + 2 . 5   9
  _____
```

**7**
```
    1 . 2
  + 0 . 9
  _____
```

**8**
```
    1 . 2   3
  +     6
  _____
```

**9**
```
    1 . 2   5
  + 0 . 5   3
  _____
```

**10**
```
    2
  + 7 . 9
  _____
```

2

**11** $2.43+0.26=$

**12** $2.64+1.5=$

**13** $3+3.45=$

**14** $3.33+4.4=$

**15** $4.1+1.97=$

**16** $4.6+5=$

**17** $5.01+4.5=$

**18** $7+0.17=$

**19** $7.3+1.8=$

**20** $8.43+1.8=$

**21** $8.8+3=$

**22** $9.36+2=$

>> 숨은 그림 8개를 찾아보세요.

# 소수의 뺄셈

# DAY 17 (소수 한 자리 수)−(소수 한 자리 수)

: 받아내림이 없는 경우

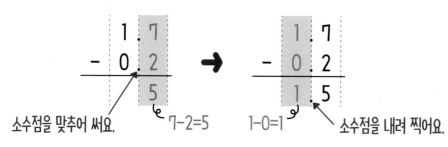

**이렇게 계산해요** 1.7−0.2의 계산

소수점을 맞추어 써요. 7−2=5 1−0=1 소수점을 내려 찍어요.

● 계산해 보세요.

**1**
```
  0 . 3
- 0 . 1
```

**2**
```
  0 . 5
- 0 . 2
```

**3**
```
  0 . 6
- 0 . 4
```

**4**
```
  0 . 7
- 0 . 1
```

**5**
```
  0 . 8
- 0 . 1
```

**6**
```
  0 . 9
- 0 . 8
```

**7**
```
  1 . 2
- 0 . 1
```

**8**
```
  1 . 6
- 1 . 3
```

3

9
```
    2 . 8
-   1 . 2
─────────
```

10
```
    3 . 6
-   2 . 4
─────────
```

11
```
    3 . 8
-   1 . 3
─────────
```

12
```
    4 . 9
-   4 . 8
─────────
```

13
```
    5 . 5
-   3 . 3
─────────
```

14
```
    6 . 9
-   3 . 1
─────────
```

15
```
    7 . 7
-   6 . 3
─────────
```

16
```
    8 . 9
-   7 . 2
─────────
```

17
```
    9 . 6
-   1 . 1
─────────
```

18
```
    9 . 9
-   8 . 8
─────────
```

19
```
    0 . 5
  - 0 . 4
  ─────────
```

24
```
    2 . 7
  - 1 . 3
  ─────────
```

20
```
    0 . 8
  - 0 . 7
  ─────────
```

25
```
    2 . 9
  - 0 . 2
  ─────────
```

21
```
    0 . 9
  - 0 . 1
  ─────────
```

26
```
    3 . 3
  - 2 . 1
  ─────────
```

22
```
    1 . 4
  - 0 . 3
  ─────────
```

27
```
    3 . 9
  - 3 . 6
  ─────────
```

23
```
    1 . 6
  - 0 . 1
  ─────────
```

28
```
    4 . 8
  - 3 . 2
  ─────────
```

29 $4.9 - 2.9 =$

30 $5.5 - 1.1 =$

31 $5.8 - 0.6 =$

32 $5.9 - 4.2 =$

33 $6.3 - 1.1 =$

34 $6.5 - 2.2 =$

35 $7.4 - 4.1 =$

36 $7.7 - 0.6 =$

37 $7.9 - 3.3 =$

38 $8.7 - 6.2 =$

39 $8.8 - 0.8 =$

40 $8.9 - 0.1 =$

41 $9.2 - 0.1 =$

42 $9.5 - 8.1 =$

43 $13.8 - 2.6 =$

44 $22.9 - 1.5 =$

# (소수 한 자리 수)−(소수 한 자리 수)

: 받아내림이 있는 경우

**이렇게 계산해요**

1.4−0.6의 계산

$$
\begin{array}{r}
{\scriptstyle 0 \quad 10} \\
\cancel{1}\ .\ 4 \\
-\ 0\ .\ 6 \\
\hline
8 \\
\end{array}
\qquad \Longrightarrow \qquad
\begin{array}{r}
{\scriptstyle 0 \quad 10} \\
\cancel{1}\ .\ 4 \\
-\ 0\ .\ 6 \\
\hline
0\ .\ 8 \\
\end{array}
$$

14−6=8

● 계산해 보세요.

**1**

$$
\begin{array}{r}
1\ .\ 3 \\
-\ 0\ .\ 5 \\
\hline
\end{array}
$$

**2**

$$
\begin{array}{r}
1\ .\ 4 \\
-\ 0\ .\ 9 \\
\hline
\end{array}
$$

**3**

$$
\begin{array}{r}
1\ .\ 6 \\
-\ 0\ .\ 7 \\
\hline
\end{array}
$$

**4**

$$
\begin{array}{r}
2\ .\ 1 \\
-\ 1\ .\ 9 \\
\hline
\end{array}
$$

**5**

$$
\begin{array}{r}
2\ .\ 3 \\
-\ 1\ .\ 9 \\
\hline
\end{array}
$$

**6**

$$
\begin{array}{r}
2\ .\ 7 \\
-\ 0\ .\ 8 \\
\hline
\end{array}
$$

**7**

$$
\begin{array}{r}
3\ .\ 1 \\
-\ 2\ .\ 5 \\
\hline
\end{array}
$$

**8**

$$
\begin{array}{r}
3\ .\ 6 \\
-\ 1\ .\ 9 \\
\hline
\end{array}
$$

**9**

```
    4 . 1
-   0 . 7
─────────
```

**10**

```
    4 . 5
-   1 . 6
─────────
```

**11**

```
    5 . 1
-   3 . 9
─────────
```

**12**

```
    6 . 2
-   1 . 9
─────────
```

**13**

```
    6 . 6
-   4 . 9
─────────
```

**14**

```
    7 . 2
-   5 . 8
─────────
```

**15**

```
    7 . 7
-   5 . 9
─────────
```

**16**

```
    8 . 3
-   1 . 6
─────────
```

**17**

```
    9 . 2
-   0 . 6
─────────
```

**18**

```
    9 . 5
-   8 . 7
─────────
```

19
$$\begin{array}{r} 1.1 \\ -\ 0.8 \\ \hline \end{array}$$

24
$$\begin{array}{r} 3.4 \\ -\ 1.6 \\ \hline \end{array}$$

20
$$\begin{array}{r} 1.3 \\ -\ 0.4 \\ \hline \end{array}$$

25
$$\begin{array}{r} 3.6 \\ -\ 1.7 \\ \hline \end{array}$$

21
$$\begin{array}{r} 2.2 \\ -\ 0.7 \\ \hline \end{array}$$

26
$$\begin{array}{r} 4.2 \\ -\ 0.9 \\ \hline \end{array}$$

22
$$\begin{array}{r} 2.7 \\ -\ 1.8 \\ \hline \end{array}$$

27
$$\begin{array}{r} 4.4 \\ -\ 1.8 \\ \hline \end{array}$$

23
$$\begin{array}{r} 3.1 \\ -\ 2.4 \\ \hline \end{array}$$

28
$$\begin{array}{r} 4.5 \\ -\ 3.7 \\ \hline \end{array}$$

**29** $5.1-4.7=$

**30** $5.4-0.5=$

**31** $5.5-3.8=$

**32** $6.1-1.6=$

**33** $6.4-0.5=$

**34** $6.6-5.9=$

**35** $7.3-2.7=$

**36** $7.7-1.8=$

**37** $8.2-5.3=$

**38** $8.4-3.6=$

**39** $8.5-7.9=$

**40** $9.1-1.8=$

**41** $9.5-7.6=$

**42** $9.7-4.9=$

**43** $10.1-6.9=$

**44** $25.2-2.8=$

3

# (소수 두 자리 수)-(소수 두 자리 수)

: 받아내림이 없는 경우

**이렇게 계산해요**

1.79-0.53의 계산

$$
\begin{array}{r} 1.7\,9 \\ -\;0.5\,3 \\ \hline 6 \end{array}
\;\rightarrow\;
\begin{array}{r} 1.7\,9 \\ -\;0.5\,3 \\ \hline 2\,6 \end{array}
\;\rightarrow\;
\begin{array}{r} 1.7\,9 \\ -\;0.5\,3 \\ \hline 1.2\,6 \end{array}
$$

9-3=6    7-5=2    1-0=1

● 계산해 보세요.

1.
$$\begin{array}{r} 0.5\,5 \\ -\;0.1\,1 \\ \hline \end{array}$$

2.
$$\begin{array}{r} 0.6\,6 \\ -\;0.4\,3 \\ \hline \end{array}$$

3.
$$\begin{array}{r} 0.9\,5 \\ -\;0.0\,1 \\ \hline \end{array}$$

4.
$$\begin{array}{r} 1.2\,9 \\ -\;1.1\,3 \\ \hline \end{array}$$

5.
$$\begin{array}{r} 1.6\,2 \\ -\;1.6\,1 \\ \hline \end{array}$$

6.
$$\begin{array}{r} 2.5\,3 \\ -\;1.4\,2 \\ \hline \end{array}$$

7.
$$\begin{array}{r} 2.7\,1 \\ -\;1.0\,1 \\ \hline \end{array}$$

8.
$$\begin{array}{r} 3.1\,6 \\ -\;1.0\,3 \\ \hline \end{array}$$

9
$$\begin{array}{r} 3.99 \\ -\ 0.86 \\ \hline \end{array}$$

14
$$\begin{array}{r} 6.68 \\ -\ 3.26 \\ \hline \end{array}$$

10
$$\begin{array}{r} 4.83 \\ -\ 0.51 \\ \hline \end{array}$$

15
$$\begin{array}{r} 7.45 \\ -\ 4.44 \\ \hline \end{array}$$

11
$$\begin{array}{r} 5.79 \\ -\ 1.07 \\ \hline \end{array}$$

16
$$\begin{array}{r} 8.64 \\ -\ 1.23 \\ \hline \end{array}$$

12
$$\begin{array}{r} 5.86 \\ -\ 3.21 \\ \hline \end{array}$$

17
$$\begin{array}{r} 9.11 \\ -\ 1.01 \\ \hline \end{array}$$

13
$$\begin{array}{r} 6.35 \\ -\ 2.11 \\ \hline \end{array}$$

18
$$\begin{array}{r} 9.99 \\ -\ 7.77 \\ \hline \end{array}$$

**19**

```
  0 . 1   9
- 0 . 0   2
```

**20**

```
  0 . 7   5
- 0 . 4   2
```

**21**

```
  1 . 1   3
- 0 . 1   1
```

**22**

```
  1 . 2   8
- 0 . 1   7
```

**23**

```
  1 . 5   9
- 1 . 3   5
```

**24**

```
  2 . 7   9
- 1 . 4   3
```

**25**

```
  2 . 9   4
- 1 . 1   3
```

**26**

```
  3 . 2   8
- 1 . 2   6
```

**27**

```
  3 . 6   6
- 3 . 5   1
```

**28**

```
  4 . 5   2
- 2 . 1   1
```

**29** 4.66 − 2.55 =

**30** 4.72 − 3.11 =

**31** 5.07 − 1.05 =

**32** 5.36 − 3.35 =

**33** 6.29 − 3.29 =

**34** 6.38 − 2.11 =

**35** 6.66 − 3.33 =

**36** 7.36 − 1.23 =

**37** 7.75 − 3.55 =

**38** 8.04 − 1.02 =

**39** 8.22 − 5.11 =

**40** 8.99 − 4.11 =

**41** 9.39 − 3.13 =

**42** 9.73 − 2.31 =

**43** 18.88 − 6.37 =

**44** 24.47 − 3.13 =

# (소수 두 자리 수)-(소수 두 자리 수)

: 받아내림이 있는 경우

이렇게
계산해요

1.94-0.25의 계산

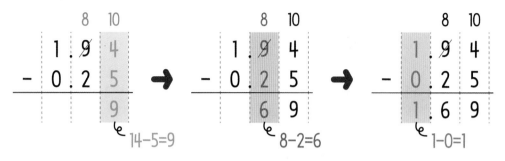

● 계산해 보세요.

1
```
    0 . 1   4
 -  0 . 0   5
```

2
```
    0 . 6   3
 -  0 . 1   7
```

3
```
    1 . 1   2
 -  0 . 0   8
```

4
```
    1 . 4   4
 -  1 . 2   9
```

5
```
    2 . 1   8
 -  0 . 2   1
```

6
```
    3 . 2   2
 -  2 . 3   1
```

7
```
    3 . 6   9
 -  1 . 8   5
```

8
```
    4 . 6   8
 -  0 . 9   1
```

9

$$
\begin{array}{r}
5\,.\,1\;\;7 \\
-\;\;1\,.\,1\;\;8 \\
\hline
\end{array}
$$

14

$$
\begin{array}{r}
7\,.\,6\;\;6 \\
-\;\;6\,.\,7\;\;7 \\
\hline
\end{array}
$$

10

$$
\begin{array}{r}
5\,.\,7\;\;2 \\
-\;\;4\,.\,9\;\;4 \\
\hline
\end{array}
$$

15

$$
\begin{array}{r}
8\,.\,5\;\;4 \\
-\;\;5\,.\,7\;\;6 \\
\hline
\end{array}
$$

11

$$
\begin{array}{r}
6\,.\,3\;\;4 \\
-\;\;3\,.\,4\;\;5 \\
\hline
\end{array}
$$

16

$$
\begin{array}{r}
8\,.\,8\;\;3 \\
-\;\;2\,.\,9\;\;8 \\
\hline
\end{array}
$$

12

$$
\begin{array}{r}
6\,.\,6\;\;2 \\
-\;\;2\,.\,6\;\;6 \\
\hline
\end{array}
$$

17

$$
\begin{array}{r}
9\,.\,0\;\;3 \\
-\;\;1\,.\,1\;\;4 \\
\hline
\end{array}
$$

13

$$
\begin{array}{r}
7\,.\,0\;\;1 \\
-\;\;1\,.\,0\;\;5 \\
\hline
\end{array}
$$

18

$$
\begin{array}{r}
9\,.\,3\;\;3 \\
-\;\;3\,.\,8\;\;9 \\
\hline
\end{array}
$$

**19**
$$\begin{array}{r} 0.11 \\ -\ 0.09 \\ \hline \end{array}$$

**20**
$$\begin{array}{r} 0.62 \\ -\ 0.56 \\ \hline \end{array}$$

**21**
$$\begin{array}{r} 0.91 \\ -\ 0.74 \\ \hline \end{array}$$

**22**
$$\begin{array}{r} 1.37 \\ -\ 0.18 \\ \hline \end{array}$$

**23**
$$\begin{array}{r} 1.56 \\ -\ 0.48 \\ \hline \end{array}$$

**24**
$$\begin{array}{r} 2.16 \\ -\ 0.33 \\ \hline \end{array}$$

**25**
$$\begin{array}{r} 2.57 \\ -\ 0.66 \\ \hline \end{array}$$

**26**
$$\begin{array}{r} 3.28 \\ -\ 0.94 \\ \hline \end{array}$$

**27**
$$\begin{array}{r} 3.54 \\ -\ 2.71 \\ \hline \end{array}$$

**28**
$$\begin{array}{r} 4.15 \\ -\ 3.33 \\ \hline \end{array}$$

29  4.21−1.17 =

30  4.54−3.36 =

31  5.25−4.09 =

32  5.37−1.28 =

33  5.79−0.91 =

34  6.28−3.47 =

35  6.58−3.77 =

36  7.27−1.36 =

37  7.58−5.99 =

38  7.73−3.95 =

39  8.56−4.78 =

40  8.82−0.88 =

41  9.35−6.79 =

42  9.73−8.88 =

43  14.42−1.56 =

44  21.76−2.99 =

# (소수 한 자리 수)-(소수 두 자리 수)

이렇게
계산해요

1.2-0.54의 계산

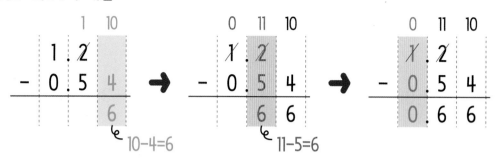

● 계산해 보세요.

**1**

| | 0 | . | 8 | |
|---|---|---|---|---|
| − | 0 | . | 0 | 8 |
| | | | | |

**5**

| | 3 | . | 5 | |
|---|---|---|---|---|
| − | 2 | . | 8 | 4 |
| | | | | |

**2**

| | 1 | . | 1 | |
|---|---|---|---|---|
| − | 1 | . | 0 | 1 |
| | | | | |

**6**

| | 3 | . | 7 | |
|---|---|---|---|---|
| − | 1 | . | 2 | 6 |
| | | | | |

**3**

| | 2 | . | 1 | |
|---|---|---|---|---|
| − | 0 | . | 0 | 5 |
| | | | | |

**7**

| | 4 | . | 1 | |
|---|---|---|---|---|
| − | 0 | . | 7 | 8 |
| | | | | |

**4**

| | 2 | . | 7 | |
|---|---|---|---|---|
| − | 1 | . | 1 | 3 |
| | | | | |

**8**

| | 4 | . | 6 | |
|---|---|---|---|---|
| − | 3 | . | 4 | 5 |
| | | | | |

3

9

$$
\begin{array}{r}
5.1 \\
-\ 2.28 \\
\hline
\end{array}
$$

14

$$
\begin{array}{r}
7.7 \\
-\ 5.75 \\
\hline
\end{array}
$$

10

$$
\begin{array}{r}
5.5 \\
-\ 3.33 \\
\hline
\end{array}
$$

15

$$
\begin{array}{r}
8.2 \\
-\ 2.39 \\
\hline
\end{array}
$$

11

$$
\begin{array}{r}
6.3 \\
-\ 5.81 \\
\hline
\end{array}
$$

16

$$
\begin{array}{r}
8.9 \\
-\ 7.65 \\
\hline
\end{array}
$$

12

$$
\begin{array}{r}
6.8 \\
-\ 6.42 \\
\hline
\end{array}
$$

17

$$
\begin{array}{r}
9.6 \\
-\ 5.74 \\
\hline
\end{array}
$$

13

$$
\begin{array}{r}
7.2 \\
-\ 4.31 \\
\hline
\end{array}
$$

18

$$
\begin{array}{r}
9.9 \\
-\ 8.76 \\
\hline
\end{array}
$$

**19**

$$\begin{array}{r} 0.2 \\ -\ 0.09 \\ \hline \end{array}$$

**20**

$$\begin{array}{r} 0.6 \\ -\ 0.13 \\ \hline \end{array}$$

**21**

$$\begin{array}{r} 1.1 \\ -\ 0.38 \\ \hline \end{array}$$

**22**

$$\begin{array}{r} 1.7 \\ -\ 0.14 \\ \hline \end{array}$$

**23**

$$\begin{array}{r} 1.9 \\ -\ 1.19 \\ \hline \end{array}$$

**24**

$$\begin{array}{r} 2.1 \\ -\ 1.03 \\ \hline \end{array}$$

**25**

$$\begin{array}{r} 2.2 \\ -\ 1.22 \\ \hline \end{array}$$

**26**

$$\begin{array}{r} 3.4 \\ -\ 3.03 \\ \hline \end{array}$$

**27**

$$\begin{array}{r} 3.8 \\ -\ 0.57 \\ \hline \end{array}$$

**28**

$$\begin{array}{r} 4.1 \\ -\ 1.41 \\ \hline \end{array}$$

**3**

29  $4.4 - 2.89 =$

30  $4.8 - 1.01 =$

31  $5.5 - 5.27 =$

32  $5.9 - 1.22 =$

33  $6.1 - 5.84 =$

34  $6.7 - 3.52 =$

35  $6.9 - 6.14 =$

36  $7.1 - 1.23 =$

37  $7.3 - 4.05 =$

38  $8.1 - 3.64 =$

39  $8.3 - 7.26 =$

40  $8.8 - 5.85 =$

41  $9.3 - 0.11 =$

42  $9.8 - 8.29 =$

43  $11.9 - 9.87 =$

44  $23.4 - 6.22 =$

# (소수 두 자리 수)-(소수 한 자리 수)

이렇게 계산해요

1.23-0.4의 계산

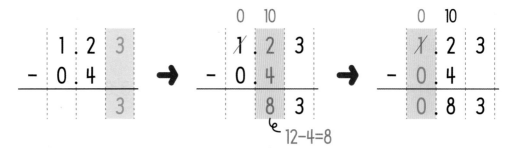

12-4=8

● 계산해 보세요.

**1**

|   | 0 . | 5 | 7 |
|---|---|---|---|
| − | 0 . | 3 |   |
|   |   |   |   |

**5**

|   | 2 . | 8 | 4 |
|---|---|---|---|
| − | 1 . | 2 |   |
|   |   |   |   |

**2**

|   | 0 . | 6 | 9 |
|---|---|---|---|
| − | 0 . | 2 |   |
|   |   |   |   |

**6**

|   | 3 . | 2 | 1 |
|---|---|---|---|
| − | 2 . | 3 |   |
|   |   |   |   |

**3**

|   | 1 . | 4 | 3 |
|---|---|---|---|
| − | 1 . | 4 |   |
|   |   |   |   |

**7**

|   | 3 . | 3 | 3 |
|---|---|---|---|
| − | 1 . | 6 |   |
|   |   |   |   |

**4**

|   | 2 . | 3 | 2 |
|---|---|---|---|
| − | 2 . | 2 |   |
|   |   |   |   |

**8**

|   | 4 . | 5 | 1 |
|---|---|---|---|
| − | 0 . | 5 |   |
|   |   |   |   |

9
$$\begin{array}{r} 4.95 \\ -\ 2.7 \\ \hline \end{array}$$

14
$$\begin{array}{r} 7.07 \\ -\ 6.5 \\ \hline \end{array}$$

10
$$\begin{array}{r} 5.12 \\ -\ 4.3 \\ \hline \end{array}$$

15
$$\begin{array}{r} 8.14 \\ -\ 1.8 \\ \hline \end{array}$$

11
$$\begin{array}{r} 5.67 \\ -\ 1.2 \\ \hline \end{array}$$

16
$$\begin{array}{r} 8.81 \\ -\ 2.9 \\ \hline \end{array}$$

12
$$\begin{array}{r} 6.03 \\ -\ 0.6 \\ \hline \end{array}$$

17
$$\begin{array}{r} 9.12 \\ -\ 6.5 \\ \hline \end{array}$$

13
$$\begin{array}{r} 6.16 \\ -\ 5.1 \\ \hline \end{array}$$

18
$$\begin{array}{r} 9.54 \\ -\ 8.8 \\ \hline \end{array}$$

**19**

$$\begin{array}{r} 0.24 \\ -\ 0.2 \\ \hline \end{array}$$

**20**

$$\begin{array}{r} 0.78 \\ -\ 0.4 \\ \hline \end{array}$$

**21**

$$\begin{array}{r} 1.35 \\ -\ 0.2 \\ \hline \end{array}$$

**22**

$$\begin{array}{r} 1.73 \\ -\ 0.9 \\ \hline \end{array}$$

**23**

$$\begin{array}{r} 2.48 \\ -\ 1.5 \\ \hline \end{array}$$

**24**

$$\begin{array}{r} 2.69 \\ -\ 2.1 \\ \hline \end{array}$$

**25**

$$\begin{array}{r} 3.49 \\ -\ 2.6 \\ \hline \end{array}$$

**26**

$$\begin{array}{r} 3.54 \\ -\ 1.8 \\ \hline \end{array}$$

**27**

$$\begin{array}{r} 4.17 \\ -\ 3.9 \\ \hline \end{array}$$

**28**

$$\begin{array}{r} 4.56 \\ -\ 3.4 \\ \hline \end{array}$$

**29** $5.43 - 4.3 =$

**30** $5.71 - 2.9 =$

**31** $6.12 - 5.4 =$

**32** $6.38 - 2.2 =$

**33** $6.96 - 1.6 =$

**34** $7.01 - 1.7 =$

**35** $7.59 - 3.2 =$

**36** $7.77 - 6.8 =$

**37** $8.12 - 1.2 =$

**38** $8.36 - 5.5 =$

**39** $8.48 - 4.8 =$

**40** $9.09 - 1.9 =$

**41** $9.25 - 4.2 =$

**42** $9.97 - 7.9 =$

**43** $17.45 - 3.5 =$

**44** $26.26 - 5.6 =$

# DAY 23 (자연수)-(소수 한 자리 수), (소수 한 자리 수)-(자연수)

이렇게 계산해요

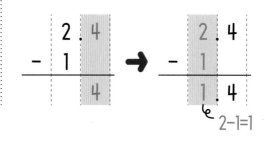

5-0.4의 계산

2.4-1의 계산

●계산해 보세요.

1
```
      1
  -  0 . 8
  _____
```

2
```
      2
  -  1 . 1
  _____
```

3
```
      3
  -  2 . 2
  _____
```

4
```
      4
  -  3 . 4
  _____
```

5
```
      5
  -  3 . 3
  _____
```

6
```
      6
  -  1 . 6
  _____
```

7
```
      7
  -  5 . 4
  _____
```

8
```
      8
  -  7 . 9
  _____
```

3

**9**

|   | 1 . | 3 |
|---|-----|---|
| − | 1   |   |
|   |     |   |

**10**

|   | 2 . | 2 |
|---|-----|---|
| − | 1   |   |
|   |     |   |

**11**

|   | 3 . | 8 |
|---|-----|---|
| − | 1   |   |
|   |     |   |

**12**

|   | 4 . | 4 |
|---|-----|---|
| − | 4   |   |
|   |     |   |

**13**

|   | 4 . | 7 |
|---|-----|---|
| − | 2   |   |
|   |     |   |

**14**

|   | 5 . | 8 |
|---|-----|---|
| − | 4   |   |
|   |     |   |

**15**

|   | 6 . | 6 |
|---|-----|---|
| − | 2   |   |
|   |     |   |

**16**

|   | 7 . | 5 |
|---|-----|---|
| − | 6   |   |
|   |     |   |

**17**

|   | 8 . | 1 |
|---|-----|---|
| − | 3   |   |
|   |     |   |

**18**

|   | 9 . | 9 |
|---|-----|---|
| − | 9   |   |
|   |     |   |

**19**

$$\begin{array}{r} 1 \\ -\ 0\ .\ 9 \\ \hline \end{array}$$

**20**

$$\begin{array}{r} 3 \\ -\ 2\ .\ 8 \\ \hline \end{array}$$

**21**

$$\begin{array}{r} 5 \\ -\ 4\ .\ 5 \\ \hline \end{array}$$

**22**

$$\begin{array}{r} 6 \\ -\ 1\ .\ 3 \\ \hline \end{array}$$

**23**

$$\begin{array}{r} 7 \\ -\ 1\ .\ 8 \\ \hline \end{array}$$

**24**

$$\begin{array}{r} 7\ .\ 7 \\ -\ 1\quad \\ \hline \end{array}$$

**25**

$$\begin{array}{r} 8\ .\ 3 \\ -\ 2\quad \\ \hline \end{array}$$

**26**

$$\begin{array}{r} 8\ .\ 5 \\ -\ 6\quad \\ \hline \end{array}$$

**27**

$$\begin{array}{r} 9\ .\ 7 \\ -\ 6\quad \\ \hline \end{array}$$

**28**

$$\begin{array}{r} 9\ .\ 9 \\ -\ 1\quad \\ \hline \end{array}$$

**3**

29 $2-1.8=$

30 $3-1.6=$

31 $5-4.6=$

32 $7-6.3=$

33 $8-6.1=$

34 $9-4.9=$

35 $11-10.4=$

36 $11-5.5=$

37 $11.1-1=$

38 $12.3-3=$

39 $12.9-3=$

40 $13.2-1=$

41 $13.9-2=$

42 $14.8-8=$

43 $15.1-1=$

44 $15.3-4=$

**이렇게 계산해요**

1-0.23의 계산

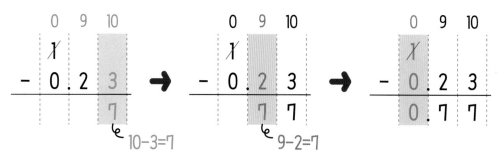

6.78-4의 계산

● 계산해 보세요.

**1**

```
    1
-  0.1 1
```

**2**

```
    2
-  1.0 1
```

**3**

```
    3
-  1.0 7
```

**4**

```
    5
-  4.3 2
```

**5**

```
    6
-  2.9 9
```

**6**

```
    7
-  5.6 1
```

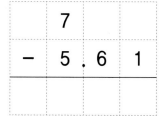

**7**

$$\begin{array}{r} 1.23 \\ -\ 1\phantom{.00} \\ \hline \end{array}$$

**8**

$$\begin{array}{r} 2.48 \\ -\ 1\phantom{.00} \\ \hline \end{array}$$

**9**

$$\begin{array}{r} 3.57 \\ -\ 3\phantom{.00} \\ \hline \end{array}$$

**10**

$$\begin{array}{r} 4.01 \\ -\ 2\phantom{.00} \\ \hline \end{array}$$

**11**

$$\begin{array}{r} 5.14 \\ -\ 3\phantom{.00} \\ \hline \end{array}$$

**12**

$$\begin{array}{r} 5.55 \\ -\ 5\phantom{.00} \\ \hline \end{array}$$

**13**

$$\begin{array}{r} 6.58 \\ -\ 4\phantom{.00} \\ \hline \end{array}$$

**14**

$$\begin{array}{r} 7.16 \\ -\ 6\phantom{.00} \\ \hline \end{array}$$

**15**

$$\begin{array}{r} 8.04 \\ -\ 4\phantom{.00} \\ \hline \end{array}$$

**16**

$$\begin{array}{r} 9.63 \\ -\ 3\phantom{.00} \\ \hline \end{array}$$

**17**
```
      1
-  0 . 0  9
───────────
```

**18**
```
      3
-  2 . 3  4
───────────
```

**19**
```
      4
-  0 . 0  5
───────────
```

**20**
```
      6
-  5 . 6  7
───────────
```

**21**
```
      7
-  4 . 8  2
───────────
```

**22**
```
   7 . 0  8
-  1
───────────
```

**23**
```
   8 . 2  7
-  1
───────────
```

**24**
```
   8 . 5  6
-  3
───────────
```

**25**
```
   9 . 2  3
-  1
───────────
```

**26**
```
   9 . 8  1
-  1
───────────
```

**27** $3-2.01=$

**28** $4-3.99=$

**29** $6-4.12=$

**30** $7-5.23=$

**31** $9-8.89=$

**32** $10-6.66=$

**33** $12-1.11=$

**34** $12-9.43=$

**35** $12.35-1=$

**36** $13.75-2=$

**37** $14.44-4=$

**38** $15.12-5=$

**39** $16.16-6=$

**40** $17.89-5=$

**41** $19.99-6=$

**42** $25.44-11=$

● 계산해 보세요.

**1**
```
    1 . 1
-   0 . 9
```

**2**
```
    1 . 6
-   0 . 2 7
```

**3**
```
    2 . 2 3
-   1 . 0 1
```

**4**
```
    2 . 8
-   1
```

**5**
```
    3 . 5 7
-   2 . 6
```

**6**
```
    5
-   0 . 4 6
```

**7**
```
    5 . 0 2
-   5
```

**8**
```
    7 . 6
-   5 . 4
```

**9**
```
    8 . 3 1
-   5 . 4 2
```

**10**
```
    9 . 7 5
-   2 . 4 6
```

**11** $10.59 - 0.4 =$

**12** $13.4 - 2.2 =$

**13** $13.65 - 2.34 =$

**14** $14.6 - 0.7 =$

**15** $15.6 - 4 =$

**16** $15.6 - 1.65 =$

**17** $17.8 - 0.5 =$

**18** $18.94 - 3.2 =$

**19** $19 - 1.9 =$

**20** $19.38 - 1.29 =$

**21** $20.3 - 1.23 =$

**22** $21 - 6.78 =$

정답 25쪽

**숨은그림 찾기**

≫ 숨은 그림 8개를 찾아보세요.

# 아이와 평생
# 함께할 습관을
# 만듭니다.

아이스크림 홈런 2.0
**공부를 좋아하는 습관**

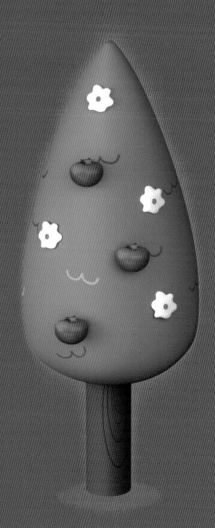

기본을 단단하게
나만의 속도로
무엇보다 재미있게

# 아이스크림 더연산

## 정답

초3 ➕ 초4

- 소수
- 소수의 덧셈
- 소수의 뺄셈

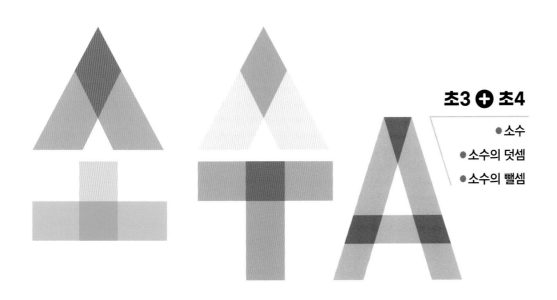

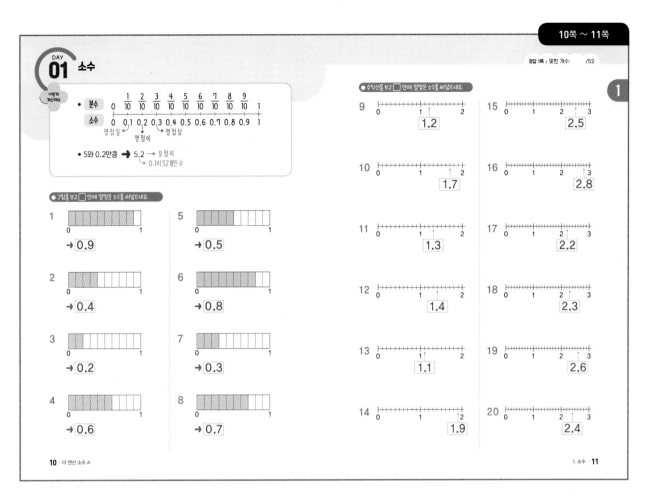

## DAY 01 소수

정답 1쪽 | 맞힌 개수: /52

- 분수 | 0 $\frac{1}{10}$ $\frac{2}{10}$ $\frac{3}{10}$ $\frac{4}{10}$ $\frac{5}{10}$ $\frac{6}{10}$ $\frac{7}{10}$ $\frac{8}{10}$ $\frac{9}{10}$ 1
- 소수 | 0 0.1 0.2 0.3 0.4 0.5 0.6 0.7 0.8 0.9 1
  영점일, 영점이, 영점삼
- 5와 0.2만큼 → 5.2 → 오점이
  → 0.1이 52개인 수

● 그림을 보고 □안에 알맞은 소수를 써넣으세요.

1 → 0.9

5 → 0.5

2 → 0.4

6 → 0.8

3 → 0.2

7 → 0.3

4 → 0.6

8 → 0.7

● 수직선을 보고 □안에 알맞은 소수를 써넣으세요.

9 → 1.2

15 → 2.5

10 → 1.7

16 → 2.8

11 → 1.3

17 → 2.2

12 → 1.4

18 → 2.3

13 → 1.1

19 → 2.6

14 → 1.9

20 → 2.4

10 · 더 연산 소수 A

1. 소수 · 11

정답 1쪽

● □안에 알맞은 수를 써넣으세요.

21 0.2는 0.1이 **2** 개입니다.

22 0.3은 0.1이 **3** 개입니다.

23 0.4는 0.1이 **4** 개입니다.

24 0.5는 0.1이 **5** 개입니다.

25 0.7은 0.1이 **7** 개입니다.

26 0.9는 0.1이 **9** 개입니다.

27 1.5는 0.1이 **15** 개입니다.

28 1.6은 0.1이 **16** 개입니다.

29 2.3은 0.1이 **23** 개입니다.

30 2.7은 0.1이 **27** 개입니다.

31 3.5는 0.1이 **35** 개입니다.

32 4.4는 0.1이 **44** 개입니다.

33 5.6은 0.1이 **56** 개입니다.

34 6.9는 0.1이 **69** 개입니다.

35 7.1은 0.1이 **71** 개입니다.

36 8.2는 0.1이 **82** 개입니다.

37 0.1이 2개이면 **0.2**입니다.

38 0.1이 4개이면 **0.4**입니다.

39 0.1이 6개이면 **0.6**입니다.

40 0.1이 8개이면 **0.8**입니다.

41 0.1이 9개이면 **0.9**입니다.

42 0.1이 12개이면 **1.2**입니다.

43 0.1이 26개이면 **2.6**입니다.

44 0.1이 29개이면 **2.9**입니다.

45 0.1이 34개이면 **3.4**입니다.

46 0.1이 43개이면 **4.3**입니다.

47 0.1이 46개이면 **4.6**입니다.

48 0.1이 53개이면 **5.3**입니다.

49 0.1이 65개이면 **6.5**입니다.

50 0.1이 77개이면 **7.7**입니다.

51 0.1이 81개이면 **8.1**입니다.

52 0.1이 96개이면 **9.6**입니다.

12 · 더 연산 소수 A

1. 소수 · 13

정답 · **1**

# 정답

## 02 소수의 크기 비교
### : 소수 한 자리 수인 경우

정답 2쪽 | 맞힌 개수: /51

**이렇게 해나요**

| 0.5 | 0.7 | | 3.4 | 1.9 |

소수점을 기준으로
왼쪽에 있는 수가 같으면
오른쪽에 있는 수가 클수록
큰 수예요.

→ 0.5 < 0.7

소수점을 기준으로
왼쪽에 있는 수가 다르면
왼쪽에 있는 수가 클수록
큰 수예요.

→ 3.4 > 1.9

● 주어진 소수만큼 색칠하고, ◯ 안에 >, =, <를 알맞게 써넣으세요.

1  0.8
0 ─────── 1
   0.6
0 ─────── 1
→ 0.8 > 0.6

2  1.3
0 ─── 1 ─── 2
   1.4
0 ─── 1 ─── 2
→ 1.3 < 1.4

3  2.2
0 ─ 1 ─ 2 ─ 3
   1.9
0 ─ 1 ─ 2 ─ 3
→ 2.2 > 1.9

● 두 소수의 크기를 비교하여 ◯ 안에 >, =, <를 알맞게 써넣으세요.

4  0.1 < 0.4
5  0.3 > 0.2
6  0.3 < 0.9
7  0.5 < 0.8
8  0.6 > 0.5
9  0.7 > 0.6
10  0.8 = 0.8
11  0.8 < 0.9

12  1.6 > 1.2
13  2.9 > 2.8
14  3.1 < 3.3
15  5.3 < 5.4
16  6.6 < 6.9
17  7.1 = 7.1
18  8.4 < 8.5
19  9.1 < 9.3

정답 2쪽

20  0.9 < 1.2
21  0.9 < 1.8
22  1.3 < 2.3
23  1.4 < 2.2
24  1.5 > 0.7
25  1.7 < 4.7
26  1.9 > 0.9
27  1.9 < 2.9

28  2.2 > 1.2
29  2.4 < 4.2
30  2.5 < 3.5
31  2.8 < 6.3
32  3.1 > 1.4
33  3.2 > 2.6
34  3.6 < 6.3
35  3.8 < 4.1

36  4.1 > 3.9
37  4.2 > 3.7
38  4.3 > 0.8
39  4.5 < 5.4
40  4.9 < 5.1
41  5.9 < 6.6
42  6.1 < 7.1
43  6.2 > 5.9

44  6.7 > 5.3
45  7.1 > 5.1
46  7.2 < 7.8
47  7.6 < 9.1
48  8.3 > 3.8
49  8.3 < 9.3
50  9.2 > 8.8
51  9.9 > 0.9

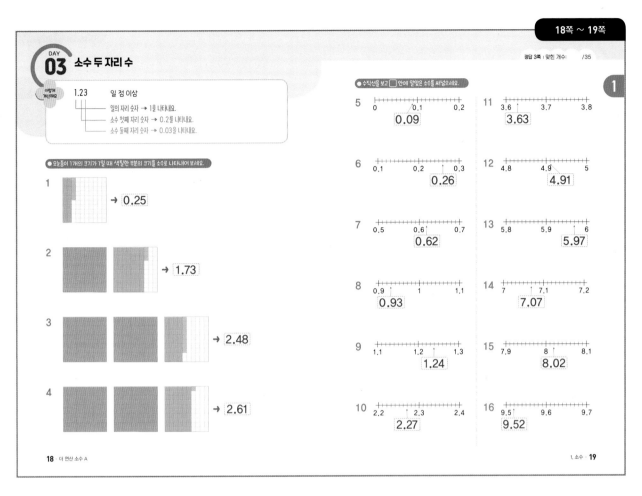

정답 3쪽

● □안에 알맞은 수를 써넣으세요.

**17** 0.17
일의 자리 숫자 → 0
소수 첫째 자리 숫자 → 1
소수 둘째 자리 숫자 → 7

**18** 0.86
일의 자리 숫자 → 0
소수 첫째 자리 숫자 → 8
소수 둘째 자리 숫자 → 6

**19** 1.29
일의 자리 숫자 → 1
소수 첫째 자리 숫자 → 2
소수 둘째 자리 숫자 → 9

**20** 2.45
일의 자리 숫자 → 2
소수 첫째 자리 숫자 → 4
소수 둘째 자리 숫자 → 5

**21** 4.92
일의 자리 숫자 → 4
소수 첫째 자리 숫자 → 9
소수 둘째 자리 숫자 → 2

**22** 5.21
일의 자리 숫자 → 5
소수 첫째 자리 숫자 → 2
소수 둘째 자리 숫자 → 1

**23** 6.25
일의 자리 숫자 → 6
소수 첫째 자리 숫자 → 2
소수 둘째 자리 숫자 → 5

**24** 8.31
일의 자리 숫자 → 8
소수 첫째 자리 숫자 → 3
소수 둘째 자리 숫자 → 1

**25** 0.28
2가 나타내는 수 → 0.2
8이 나타내는 수 → 0.08

**26** 0.46
4가 나타내는 수 → 0.4
6이 나타내는 수 → 0.06

**27** 0.51
5가 나타내는 수 → 0.5
1이 나타내는 수 → 0.01

**28** 0.72
7이 나타내는 수 → 0.7
2가 나타내는 수 → 0.02

**29** 0.83
8이 나타내는 수 → 0.8
3이 나타내는 수 → 0.03

**30** 0.95
9가 나타내는 수 → 0.9
5가 나타내는 수 → 0.05

**31** 1.25
1이 나타내는 수 → 1
2가 나타내는 수 → 0.2
5가 나타내는 수 → 0.05

**32** 3.69
3이 나타내는 수 → 3
6이 나타내는 수 → 0.6
9가 나타내는 수 → 0.09

**33** 4.56
4가 나타내는 수 → 4
5가 나타내는 수 → 0.5
6이 나타내는 수 → 0.06

**34** 7.31
7이 나타내는 수 → 7
3이 나타내는 수 → 0.3
1이 나타내는 수 → 0.01

**35** 9.87
9가 나타내는 수 → 9
8이 나타내는 수 → 0.8
7이 나타내는 수 → 0.07

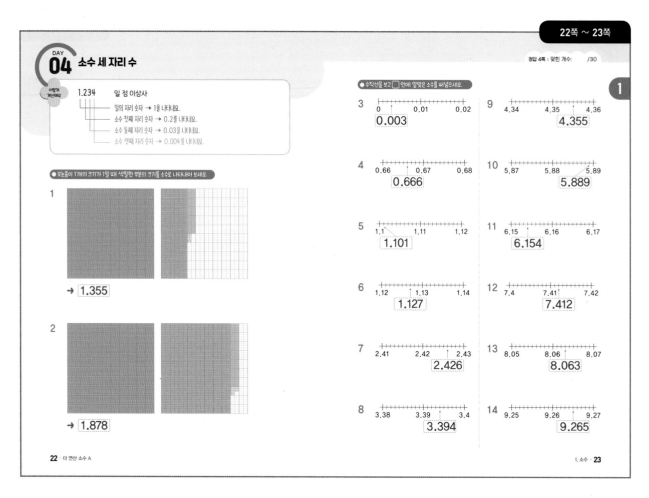

## DAY 04 소수 세 자리 수

정답 4쪽 | 맞힌 개수:    /30

### 이렇게 계산해요

1.234  일 점 이삼사

일의 자리 숫자 → 1을 나타내요.
소수 첫째 자리 숫자 → 0.2를 나타내요.
소수 둘째 자리 숫자 → 0.03을 나타내요.
소수 셋째 자리 숫자 → 0.004를 나타내요.

● 모눈종이 17개의 크기가 1일 때 색칠한 부분의 크기를 소수로 나타내어 보세요.

1  → 1.355

2  → 1.878

● 수직선을 보고 □ 안에 알맞은 수를 써넣으세요.

3  0 / 0.01 / 0.02 → 0.003

4  0.66 / 0.67 / 0.68 → 0.666

5  1.1 / 1.11 / 1.12 → 1.101

6  1.12 / 1.13 / 1.14 → 1.127

7  2.41 / 2.42 / 2.43 → 2.426

8  3.38 / 3.39 / 3.4 → 3.394

9  4.34 / 4.35 / 4.36 → 4.355

10  5.87 / 5.88 / 5.89 → 5.889

11  6.15 / 6.16 / 6.17 → 6.154

12  7.4 / 7.41 / 7.42 → 7.412

13  8.05 / 8.06 / 8.07 → 8.063

14  9.25 / 9.26 / 9.27 → 9.265

---

정답 4쪽

● □ 안에 알맞은 수를 써넣으세요.

15  0.042
일의 자리 숫자 → 0
소수 첫째 자리 숫자 → 0
소수 둘째 자리 숫자 → 4
소수 셋째 자리 숫자 → 2

16  0.672
일의 자리 숫자 → 0
소수 첫째 자리 숫자 → 6
소수 둘째 자리 숫자 → 7
소수 셋째 자리 숫자 → 2

17  1.257
일의 자리 숫자 → 1
소수 첫째 자리 숫자 → 2
소수 둘째 자리 숫자 → 5
소수 셋째 자리 숫자 → 7

18  2.943
일의 자리 숫자 → 2
소수 첫째 자리 숫자 → 9
소수 둘째 자리 숫자 → 4
소수 셋째 자리 숫자 → 3

19  4.456
일의 자리 숫자 → 4
소수 첫째 자리 숫자 → 4
소수 둘째 자리 숫자 → 5
소수 셋째 자리 숫자 → 6

20  5.276
일의 자리 숫자 → 5
소수 첫째 자리 숫자 → 2
소수 둘째 자리 숫자 → 7
소수 셋째 자리 숫자 → 6

21  8.057
일의 자리 숫자 → 8
소수 첫째 자리 숫자 → 0
소수 둘째 자리 숫자 → 5
소수 셋째 자리 숫자 → 7

22  9.564
일의 자리 숫자 → 9
소수 첫째 자리 숫자 → 5
소수 둘째 자리 숫자 → 6
소수 셋째 자리 숫자 → 4

23  0.208
2가 나타내는 수 → 0.2
8이 나타내는 수 → 0.008

24  1.357
1이 나타내는 수 → 1
3이 나타내는 수 → 0.3
5가 나타내는 수 → 0.05
7이 나타내는 수 → 0.007

25  2.479
2가 나타내는 수 → 2
4가 나타내는 수 → 0.4
7이 나타내는 수 → 0.07
9가 나타내는 수 → 0.009

26  3.964
3이 나타내는 수 → 3
9가 나타내는 수 → 0.9
6이 나타내는 수 → 0.06
4가 나타내는 수 → 0.004

27  5.678
5가 나타내는 수 → 5
6이 나타내는 수 → 0.6
7이 나타내는 수 → 0.07
8이 나타내는 수 → 0.008

28  7.043
7이 나타내는 수 → 7
4가 나타내는 수 → 0.04
3이 나타내는 수 → 0.003

29  8.765
8이 나타내는 수 → 8
7이 나타내는 수 → 0.7
6이 나타내는 수 → 0.06
5가 나타내는 수 → 0.005

30  9.832
9가 나타내는 수 → 9
8이 나타내는 수 → 0.8
3이 나타내는 수 → 0.03
2가 나타내는 수 → 0.002

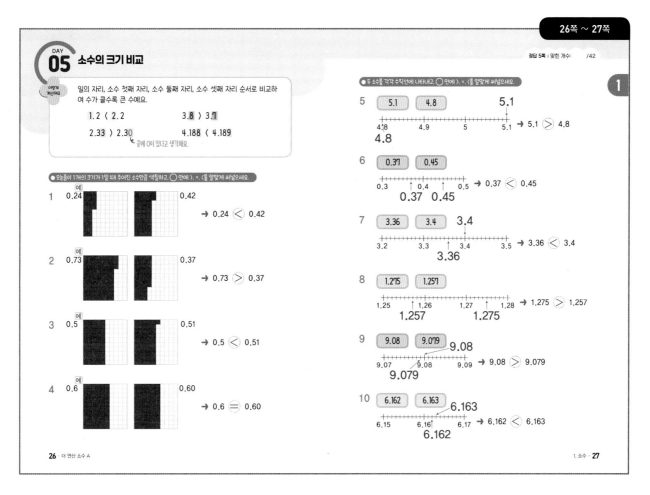

## DAY 05 소수의 크기 비교

일의 자리, 소수 첫째 자리, 소수 둘째 자리, 소수 셋째 자리 순서로 비교하여 수가 클수록 큰 수예요.

1.2 < 2.2    3.8 > 3.7

2.33 > 2.30    4.188 < 4.189

끝에 0이 있다고 생각해요.

● 모눈종이 1개의 크기가 1일 때 주어진 소수만큼 색칠하고, ◯ 안에 >, =, <를 알맞게 써넣으세요.

1 0.24 / 0.42 → 0.24 < 0.42

2 0.73 / 0.37 → 0.73 > 0.37

3 0.5 / 0.51 → 0.5 < 0.51

4 0.6 / 0.60 → 0.6 = 0.60

● 두 소수를 각각 수직선에 나타내고, ◯ 안에 >, =, <를 알맞게 써넣으세요.

5 5.1  4.8 → 5.1 > 4.8

6 0.37  0.45 → 0.37 < 0.45

7 3.36  3.4 → 3.36 < 3.4

8 1.275  1.257 → 1.275 > 1.257

9 9.08  9.079 → 9.08 > 9.079

10 6.162  6.163 → 6.162 < 6.163

---

정답 5쪽

● 두 소수의 크기를 비교하여 ◯ 안에 >, =, <를 알맞게 써넣으세요.

11 1.315 < 2.145

12 3.69 < 6.39

13 4.111 > 1.444

14 5.883 < 6.003

15 6.54 > 3.21

16 7.77 < 8.7

17 8.003 < 9.003

18 9.123 > 1.99

19 0.62 > 0.43

20 0.3 > 0.29

21 0.4 > 0.36

22 0.28 < 0.32

23 0.191 < 0.91

24 0.061 < 0.16

25 0.987 > 0.789

26 1.13 < 1.25

27 2.44 < 2.62

28 4.3 > 4.25

29 5.307 > 5.185

30 8.529 < 8.601

31 0.001 < 0.01

32 0.15 < 0.18

33 0.012 < 0.021

34 0.41 < 0.44

35 0.501 < 0.51

36 0.8 < 0.81

37 9.9 < 9.99

38 0.053 < 0.055

39 0.067 < 0.068

40 0.912 > 0.91

41 3.45 < 3.451

42 7.201 > 7.2

### DAY 06 소수 사이의 관계

정답 6쪽 | 맞힌 개수: /44

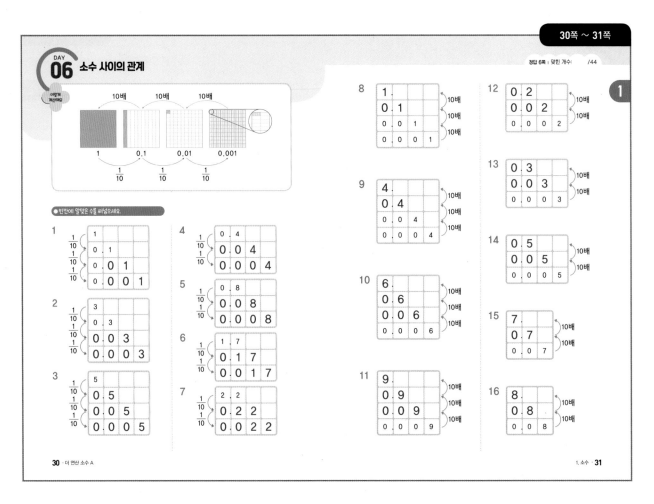

**1**

| 10배 | 10배 | 10배 |
|---|---|---|

1 → 0.1 → 0.01 → 0.001

$\frac{1}{10}$ → $\frac{1}{10}$ → $\frac{1}{10}$

●빈칸에 알맞은 수를 써넣으세요.

**1**
$\frac{1}{10}$ ) 1
$\frac{1}{10}$ ) 0 . 1
$\frac{1}{10}$ ) 0 . 0 1
$\frac{1}{10}$ ) 0 . 0 0 1

**2**
$\frac{1}{10}$ ) 3
$\frac{1}{10}$ ) 0 . 3
$\frac{1}{10}$ ) 0 . 0 3
$\frac{1}{10}$ ) 0 . 0 0 3

**3**
$\frac{1}{10}$ ) 5
$\frac{1}{10}$ ) 0 . 5
$\frac{1}{10}$ ) 0 . 0 5
$\frac{1}{10}$ ) 0 . 0 0 5

**4**
$\frac{1}{10}$ ) 0 . 4
$\frac{1}{10}$ ) 0 . 0 4
$\frac{1}{10}$ ) 0 . 0 0 4

**5**
$\frac{1}{10}$ ) 0 . 8
$\frac{1}{10}$ ) 0 . 0 8
$\frac{1}{10}$ ) 0 . 0 0 8

**6**
$\frac{1}{10}$ ) 1 . 7
$\frac{1}{10}$ ) 0 . 1 7
$\frac{1}{10}$ ) 0 . 0 1 7

**7**
$\frac{1}{10}$ ) 2 . 2
$\frac{1}{10}$ ) 0 . 2 2
$\frac{1}{10}$ ) 0 . 0 2 2

**8**
1 .
0 . 1   10배
0 . 0 1   10배
0 . 0 0 1   10배

**9**
4 .
0 . 4   10배
0 . 0 4   10배
0 . 0 0 4   10배

**10**
6 .
0 . 6   10배
0 . 0 6   10배
0 . 0 0 6   10배

**11**
9 .
0 . 9   10배
0 . 0 9   10배
0 . 0 0 9   10배

**12**
0 . 2
0 . 0 2   10배
0 . 0 0 2   10배

**13**
0 . 3
0 . 0 3   10배
0 . 0 0 3   10배

**14**
0 . 5
0 . 0 5   10배
0 . 0 0 5   10배

**15**
7 .
0 . 7   10배
0 . 0 7   10배

**16**
8 .
0 . 8   10배
0 . 0 8   10배

---

정답 6쪽

**1**

● ☐ 안에 알맞은 수를 써넣으세요.

17 8의 $\frac{1}{10}$은 **0.8** 입니다.

18 81의 $\frac{1}{10}$은 **8.1** 입니다.

19 0.81의 $\frac{1}{10}$은 **0.081** 입니다.

20 1.85의 $\frac{1}{10}$은 **0.185** 입니다.

21 7.18의 $\frac{1}{10}$은 **0.718** 입니다.

22 12.3의 $\frac{1}{100}$은 **0.123** 입니다.

23 253의 $\frac{1}{100}$은 **2.53** 입니다.

24 0.1은 1의 $\frac{1}{10}$ 입니다.

25 0.93은 9.3의 $\frac{1}{10}$ 입니다.

26 1은 10의 $\frac{1}{10}$ 입니다.

27 9.5는 95의 $\frac{1}{10}$ 입니다.

28 0.09는 9의 $\frac{1}{100}$ 입니다.

29 0.99는 99의 $\frac{1}{100}$ 입니다.

30 1.175는 117.5의 $\frac{1}{100}$ 입니다.

31 0.007의 10배는 **0.07** 입니다.

32 0.023의 10배는 **0.23** 입니다.

33 2.083의 10배는 **20.83** 입니다.

34 9.03의 10배는 **90.3** 입니다.

35 0.015의 100배는 **1.5** 입니다.

36 0.28의 100배는 **28** 입니다.

37 0.654의 100배는 **65.4** 입니다.

38 0.05는 0.005의 **10** 배입니다.

39 1은 0.1의 **10** 배입니다.

40 1.59는 0.159의 **10** 배입니다.

41 7.4는 0.74의 **10** 배입니다.

42 314는 31.4의 **10** 배입니다.

43 1.2는 0.012의 **100** 배입니다.

44 25는 0.25의 **100** 배입니다.

# 07 DAY 평가

●□안에 알맞은 수를 써넣으세요.

**1** 6.8은 0.1이 68 개입니다.

**2** 0.1이 94개이면 9.4 입니다.

**3** 0.99
일의 자리 숫자 → 0
소수 첫째 자리 숫자 → 9
소수 둘째 자리 숫자 → 9

**4** 0.147
일의 자리 숫자 → 0
소수 첫째 자리 숫자 → 1
소수 둘째 자리 숫자 → 4
소수 셋째 자리 숫자 → 7

**5** 3.579
일의 자리 숫자 → 3
소수 첫째 자리 숫자 → 5
소수 둘째 자리 숫자 → 7
소수 셋째 자리 숫자 → 9

**6** 0.34
3이 나타내는 수 → 0.3
4가 나타내는 수 → 0.04

**7** 2.07
2가 나타내는 수 → 2
7이 나타내는 수 → 0.07

**8** 0.106
1이 나타내는 수 → 0.1
6이 나타내는 수 → 0.006

**9** 0.405
4가 나타내는 수 → 0.4
5가 나타내는 수 → 0.005

**10** 3.205
3이 나타내는 수 → 3
2가 나타내는 수 → 0.2
5가 나타내는 수 → 0.005

● 두 소수의 크기를 비교하여 ○ 안에 >, =, <를 알맞게 써넣으세요.

**11** 3.3 > 1.2

**12** 1.23 < 3.21

**13** 0.7 > 0.4

**14** 0.045 < 0.45

**15** 5.22 > 5.21

**16** 0.642 > 0.636

**17** 6.654 < 6.659

**18** 4.56 > 4.55

● 빈칸에 알맞은 수를 써넣으세요.

**19**

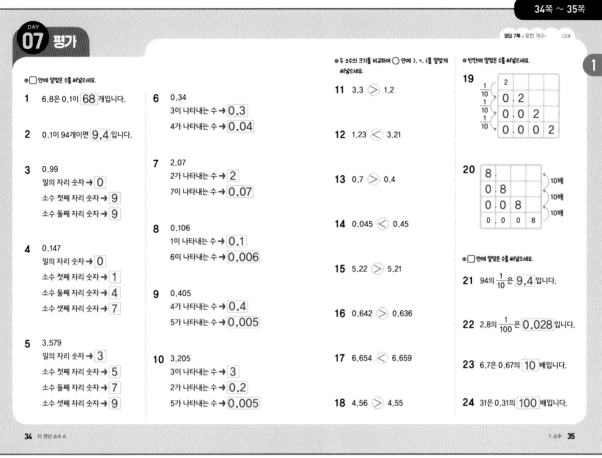

| | 2 | | |
| 1/10 | 0 . 2 | | |
| 1/10 | 0 . 0 2 | |
| 1/10 | 0 . 0 0 2 | |

**20**

| 8 . | | | |
| 0 . 8 | | | |
| 0 . 0 8 | | |
| 0 . 0 0 8 | |

10배
10배
10배

●□안에 알맞은 수를 써넣으세요.

**21** 94의 $\frac{1}{10}$ 은 9.4 입니다.

**22** 2.8의 $\frac{1}{100}$ 은 0.028 입니다.

**23** 6.7은 0.67의 10 배입니다.

**24** 31은 0.31의 100 배입니다.

---

## 숨은그림찾기

>> 숨은 그림 8개를 찾아보세요.

# 정답

**DAY 08** **(소수 한 자리 수)+(소수 한 자리 수)**
: 반올림이 없는 경우

정답 8쪽 | 맞힌 개수:        /44

**이렇게 계산해요**

1.6+0.1의 계산

$$
\begin{array}{r}
1.6 \\
+\ 0.1 \\
\hline
7
\end{array}
\quad\Rightarrow\quad
\begin{array}{r}
1.6 \\
+\ 0.1 \\
\hline
1.7
\end{array}
$$

소수점을 맞추어 써요.    6+1=7    1+0=1    소수점을 내려 찍어요.

● 계산해 보세요.

1
$$\begin{array}{r} 0.1 \\ +\ 0.1 \\ \hline 0.2 \end{array}$$

5
$$\begin{array}{r} 0.7 \\ +\ 1.1 \\ \hline 1.8 \end{array}$$

2
$$\begin{array}{r} 0.2 \\ +\ 0.2 \\ \hline 0.4 \end{array}$$

6
$$\begin{array}{r} 0.8 \\ +\ 2.1 \\ \hline 2.9 \end{array}$$

3
$$\begin{array}{r} 0.4 \\ +\ 0.5 \\ \hline 0.9 \end{array}$$

7
$$\begin{array}{r} 1.1 \\ +\ 2.3 \\ \hline 3.4 \end{array}$$

4
$$\begin{array}{r} 0.5 \\ +\ 0.2 \\ \hline 0.7 \end{array}$$

8
$$\begin{array}{r} 1.6 \\ +\ 1.3 \\ \hline 2.9 \end{array}$$

9
$$\begin{array}{r} 2.2 \\ +\ 0.7 \\ \hline 2.9 \end{array}$$

14
$$\begin{array}{r} 6.3 \\ +\ 2.6 \\ \hline 8.9 \end{array}$$

10
$$\begin{array}{r} 3.3 \\ +\ 2.2 \\ \hline 5.5 \end{array}$$

15
$$\begin{array}{r} 6.5 \\ +\ 0.3 \\ \hline 6.8 \end{array}$$

11
$$\begin{array}{r} 3.4 \\ +\ 2.3 \\ \hline 5.7 \end{array}$$

16
$$\begin{array}{r} 7.5 \\ +\ 1.3 \\ \hline 8.8 \end{array}$$

12
$$\begin{array}{r} 4.1 \\ +\ 0.6 \\ \hline 4.7 \end{array}$$

17
$$\begin{array}{r} 8.1 \\ +\ 0.8 \\ \hline 8.9 \end{array}$$

13
$$\begin{array}{r} 5.1 \\ +\ 2.5 \\ \hline 7.6 \end{array}$$

18
$$\begin{array}{r} 8.5 \\ +\ 1.2 \\ \hline 9.7 \end{array}$$

2

---

정답 8쪽

19
$$\begin{array}{r} 0.2 \\ +\ 0.1 \\ \hline 0.3 \end{array}$$

24
$$\begin{array}{r} 2.2 \\ +\ 4.7 \\ \hline 6.9 \end{array}$$

20
$$\begin{array}{r} 0.3 \\ +\ 0.6 \\ \hline 0.9 \end{array}$$

25
$$\begin{array}{r} 2.3 \\ +\ 1.4 \\ \hline 3.7 \end{array}$$

21
$$\begin{array}{r} 0.5 \\ +\ 0.3 \\ \hline 0.8 \end{array}$$

26
$$\begin{array}{r} 3.6 \\ +\ 6.3 \\ \hline 9.9 \end{array}$$

22
$$\begin{array}{r} 1.3 \\ +\ 2.4 \\ \hline 3.7 \end{array}$$

27
$$\begin{array}{r} 4.3 \\ +\ 4.2 \\ \hline 8.5 \end{array}$$

23
$$\begin{array}{r} 1.4 \\ +\ 1.4 \\ \hline 2.8 \end{array}$$

28
$$\begin{array}{r} 4.5 \\ +\ 5.3 \\ \hline 9.8 \end{array}$$

29  4.6+0.1=**4.7**

37  7.1+1.8=**8.9**

30  5.1+1.1=**6.2**

38  7.2+0.3=**7.5**

31  5.3+2.3=**7.6**

39  7.4+2.5=**9.9**

32  5.6+4.1=**9.7**

40  7.5+0.4=**7.9**

33  6.1+2.6=**8.7**

41  8.4+1.2=**9.6**

34  6.2+1.3=**7.5**

42  9.4+0.3=**9.7**

35  6.3+3.4=**9.7**

43  15.1+2.5=**17.6**

36  6.7+0.1=**6.8**

44  20.2+1.6=**21.8**

2

## DAY 09 (소수 한 자리 수)+(소수 한 자리 수)
: 받아올림이 있는 경우

정답 9쪽 | 맞힌 개수: /44

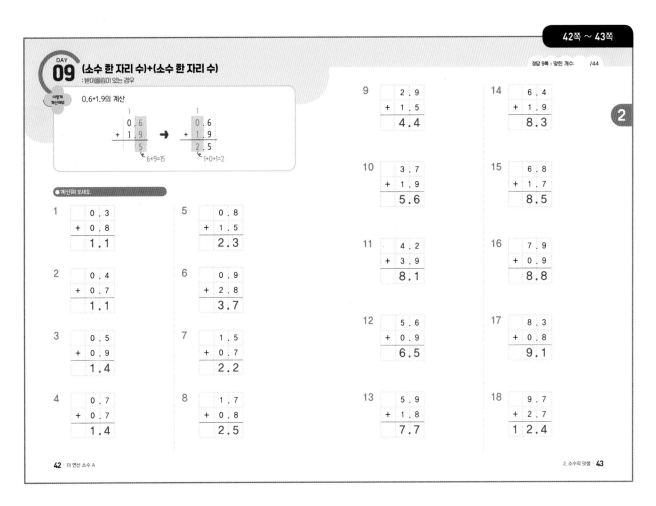

0.6+1.9의 계산

● 계산해 보세요.

1
```
  0 . 3
+ 0 . 8
─────
  1 . 1
```

2
```
  0 . 4
+ 0 . 7
─────
  1 . 1
```

3
```
  0 . 5
+ 0 . 9
─────
  1 . 4
```

4
```
  0 . 7
+ 0 . 7
─────
  1 . 4
```

5
```
  0 . 8
+ 1 . 5
─────
  2 . 3
```

6
```
  0 . 9
+ 2 . 8
─────
  3 . 7
```

7
```
  1 . 5
+ 0 . 7
─────
  2 . 2
```

8
```
  1 . 7
+ 0 . 8
─────
  2 . 5
```

9
```
  2 . 9
+ 1 . 5
─────
  4 . 4
```

10
```
  3 . 7
+ 1 . 9
─────
  5 . 6
```

11
```
  4 . 2
+ 3 . 9
─────
  8 . 1
```

12
```
  5 . 6
+ 0 . 9
─────
  6 . 5
```

13
```
  5 . 9
+ 1 . 8
─────
  7 . 7
```

14
```
  6 . 4
+ 1 . 9
─────
  8 . 3
```

15
```
  6 . 8
+ 1 . 7
─────
  8 . 5
```

16
```
  7 . 9
+ 0 . 9
─────
  8 . 8
```

17
```
  8 . 3
+ 0 . 8
─────
  9 . 1
```

18
```
  9 . 7
+ 2 . 7
─────
1 2 . 4
```

---

정답 9쪽

19
```
  0 . 5
+ 2 . 9
─────
  3 . 4
```

20
```
  0 . 7
+ 8 . 6
─────
  9 . 3
```

21
```
  0 . 9
+ 2 . 7
─────
  3 . 6
```

22
```
  1 . 7
+ 2 . 4
─────
  4 . 1
```

23
```
  1 . 8
+ 3 . 6
─────
  5 . 4
```

24
```
  2 . 6
+ 4 . 7
─────
  7 . 3
```

25
```
  3 . 3
+ 8 . 8
─────
1 2 . 1
```

26
```
  3 . 6
+ 0 . 6
─────
  4 . 2
```

27
```
  4 . 6
+ 2 . 8
─────
  7 . 4
```

28
```
  4 . 8
+ 5 . 9
─────
1 0 . 7
```

29  5.7+4.4=10.1

30  5.8+0.5=6.3

31  5.9+1.6=7.5

32  6.5+5.6=12.1

33  6.7+5.5=12.2

34  6.8+0.9=7.7

35  7.3+1.7=9

36  7.4+4.8=12.2

37  7.7+1.9=9.6

38  8.4+3.6=12

39  8.5+0.6=9.1

40  8.8+7.6=16.4

41  9.2+7.9=17.1

42  9.7+1.7=11.4

43  18.7+3.5=22.2

44  25.4+1.8=27.2

# 정답

## DAY 10 (소수 두 자리 수)+(소수 두 자리 수)
: 받아올림이 없는 경우

정답 10쪽 | 맞힌 개수:  /44

**0.45+1.43의 계산**

$$
\begin{array}{r}
0.4\ 5 \\
+\ 1.4\ 3 \\
\hline
8
\end{array}
\Rightarrow
\begin{array}{r}
0.4\ 5 \\
+\ 1.4\ 3 \\
\hline
8\ 8
\end{array}
\Rightarrow
\begin{array}{r}
0.4\ 5 \\
+\ 1.4\ 3 \\
\hline
1.8\ 8
\end{array}
$$

5+3=8    4+4=8    0+1=1

●계산해 보세요.

**1**
$$\begin{array}{r} 0.0\ 6 \\ +\ 0.5\ 1 \\ \hline 0.5\ 7 \end{array}$$

**5**
$$\begin{array}{r} 1.4\ 1 \\ +\ 0.1\ 4 \\ \hline 1.5\ 5 \end{array}$$

**9**
$$\begin{array}{r} 3.4\ 5 \\ +\ 1.1\ 1 \\ \hline 4.5\ 6 \end{array}$$

**14**
$$\begin{array}{r} 6.4\ 2 \\ +\ 1.3\ 5 \\ \hline 7.7\ 7 \end{array}$$

**2**
$$\begin{array}{r} 0.3\ 1 \\ +\ 0.0\ 7 \\ \hline 0.3\ 8 \end{array}$$

**6**
$$\begin{array}{r} 2.3\ 5 \\ +\ 0.6\ 3 \\ \hline 2.9\ 8 \end{array}$$

**10**
$$\begin{array}{r} 4.2\ 1 \\ +\ 0.6\ 6 \\ \hline 4.8\ 7 \end{array}$$

**15**
$$\begin{array}{r} 7.1\ 6 \\ +\ 1.0\ 2 \\ \hline 8.1\ 8 \end{array}$$

**3**
$$\begin{array}{r} 0.6\ 6 \\ +\ 0.2\ 2 \\ \hline 0.8\ 8 \end{array}$$

**7**
$$\begin{array}{r} 2.8\ 1 \\ +\ 0.0\ 2 \\ \hline 2.8\ 3 \end{array}$$

**11**
$$\begin{array}{r} 4.3\ 2 \\ +\ 5.6\ 7 \\ \hline 9.9\ 9 \end{array}$$

**16**
$$\begin{array}{r} 7.2\ 5 \\ +\ 0.0\ 3 \\ \hline 7.2\ 8 \end{array}$$

**12**
$$\begin{array}{r} 5.1\ 1 \\ +\ 1.0\ 8 \\ \hline 6.1\ 9 \end{array}$$

**17**
$$\begin{array}{r} 8.0\ 5 \\ +\ 1.3\ 3 \\ \hline 9.3\ 8 \end{array}$$

**4**
$$\begin{array}{r} 1.3\ 4 \\ +\ 0.4\ 5 \\ \hline 1.7\ 9 \end{array}$$

**8**
$$\begin{array}{r} 3.1\ 3 \\ +\ 0.4\ 1 \\ \hline 3.5\ 4 \end{array}$$

**13**
$$\begin{array}{r} 5.1\ 4 \\ +\ 2.7\ 3 \\ \hline 7.8\ 7 \end{array}$$

**18**
$$\begin{array}{r} 9.1\ 7 \\ +\ 0.5\ 2 \\ \hline 9.6\ 9 \end{array}$$

---

정답 10쪽

**19**
$$\begin{array}{r} 0.3\ 2 \\ +\ 0.6\ 4 \\ \hline 0.9\ 6 \end{array}$$

**24**
$$\begin{array}{r} 2.1\ 3 \\ +\ 0.7\ 2 \\ \hline 2.8\ 5 \end{array}$$

**29** 4.22+1.54=5.76

**37** 7.82+0.11=7.93

**30** 4.34+0.42=4.76

**38** 8.03+1.84=9.87

**20**
$$\begin{array}{r} 0.5\ 5 \\ +\ 1.3\ 4 \\ \hline 1.8\ 9 \end{array}$$

**25**
$$\begin{array}{r} 2.3\ 3 \\ +\ 3.5\ 6 \\ \hline 5.8\ 9 \end{array}$$

**31** 5.02+3.03=8.05

**39** 8.45+1.21=9.66

**32** 5.15+1.23=6.38

**40** 8.86+1.03=9.89

**21**
$$\begin{array}{r} 0.6\ 4 \\ +\ 3.2\ 5 \\ \hline 3.8\ 9 \end{array}$$

**26**
$$\begin{array}{r} 3.0\ 5 \\ +\ 1.3\ 2 \\ \hline 4.3\ 7 \end{array}$$

**33** 5.52+1.27=6.79

**41** 9.45+0.33=9.78

**22**
$$\begin{array}{r} 1.1\ 5 \\ +\ 0.0\ 4 \\ \hline 1.1\ 9 \end{array}$$

**27**
$$\begin{array}{r} 3.2\ 3 \\ +\ 0.4\ 1 \\ \hline 3.6\ 4 \end{array}$$

**34** 6.22+1.66=7.88

**42** 9.55+0.42=9.97

**35** 6.33+2.03=8.36

**43** 16.66+2.22=18.88

**23**
$$\begin{array}{r} 1.5\ 3 \\ +\ 2.4\ 2 \\ \hline 3.9\ 5 \end{array}$$

**28**
$$\begin{array}{r} 4.1\ 1 \\ +\ 2.4\ 6 \\ \hline 6.5\ 7 \end{array}$$

**36** 7.26+1.43=8.69

**44** 26.14+3.51=29.65

## DAY 11 (소수 두 자리 수)+(소수 두 자리 수)
: 받아올림이 있는 경우

이렇게
계산해요

0.34+1.57의 계산

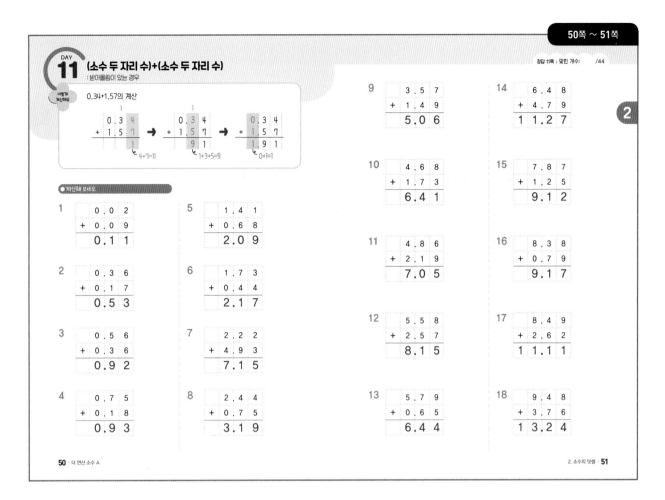

● 계산해 보세요.

1
```
  0 . 0 2
+ 0 . 0 9
  0 . 1 1
```

5
```
  1 . 4 1
+ 0 . 6 8
  2 . 0 9
```

9
```
  3 . 5 7
+ 1 . 4 9
  5 . 0 6
```

14
```
  6 . 4 8
+ 4 . 7 9
 1 1 . 2 7
```

2
```
  0 . 3 6
+ 0 . 1 7
  0 . 5 3
```

6
```
  1 . 7 3
+ 0 . 4 4
  2 . 1 7
```

10
```
  4 . 6 8
+ 1 . 7 3
  6 . 4 1
```

15
```
  7 . 8 7
+ 1 . 2 5
  9 . 1 2
```

3
```
  0 . 5 6
+ 0 . 3 6
  0 . 9 2
```

7
```
  2 . 2 2
+ 4 . 9 3
  7 . 1 5
```

11
```
  4 . 8 6
+ 2 . 1 9
  7 . 0 5
```

16
```
  8 . 3 8
+ 0 . 7 9
  9 . 1 7
```

12
```
  5 . 5 8
+ 2 . 5 7
  8 . 1 5
```

17
```
  8 . 4 9
+ 2 . 6 2
 1 1 . 1 1
```

4
```
  0 . 7 5
+ 0 . 1 8
  0 . 9 3
```

8
```
  2 . 4 4
+ 0 . 7 5
  3 . 1 9
```

13
```
  5 . 7 9
+ 0 . 6 5
  6 . 4 4
```

18
```
  9 . 4 8
+ 3 . 7 6
 1 3 . 2 4
```

19
```
  0 . 2 4
+ 0 . 3 6
  0 . 6
```

24
```
  2 . 2 6
+ 1 . 8 1
  4 . 0 7
```

29  4.13+0.79=**4.92**

37  7.47+1.99=**9.46**

30  4.64+0.29=**4.93**

38  7.55+2.49=**10.04**

20
```
  0 . 4 4
+ 0 . 3 8
  0 . 8 2
```

25
```
  2 . 7 1
+ 4 . 9 3
  7 . 6 4
```

31  5.07+2.35=**7.42**

39  8.34+2.97=**11.31**

32  5.08+2.46=**7.54**

40  8.85+1.16=**10.01**

21
```
  1 . 3 5
+ 3 . 4 7
  4 . 8 2
```

26
```
  3 . 7 5
+ 3 . 6 2
  7 . 3 7
```

33  6.43+0.75=**7.18**

41  9.69+0.45=**10.14**

22
```
  1 . 4 5
+ 5 . 2 7
  6 . 7 2
```

27
```
  3 . 8 4
+ 2 . 6 1
  6 . 4 5
```

34  6.53+2.92=**9.45**

42  9.73+0.88=**10.61**

35  6.55+6.51=**13.06**

43  14.86+6.35=**21.21**

23
```
  1 . 7 2
+ 2 . 0 9
  3 . 8 1
```

28
```
  4 . 4 3
+ 1 . 6 6
  6 . 0 9
```

36  7.33+5.72=**13.05**

44  23.66+5.77=**29.43**

## 정답

### DAY 12 (소수 한 자리 수)+(소수 두 자리 수)

정답 12쪽 | 맞힌 개수:    /44

0.8+4.65의 계산

$$\begin{array}{r} 0.8 \\ +\ 4.65 \\ \hline 5 \end{array} \rightarrow \begin{array}{r} \overset{1}{0.8} \\ +\ 4.65 \\ \hline 45 \end{array} \rightarrow \begin{array}{r} \overset{1}{0.8} \\ +\ 4.65 \\ \hline 5.45 \end{array}$$

8+6=14     1+0+4=5

● 계산해 보세요.

1. 
$$\begin{array}{r} 0.2 \\ +\ 0.01 \\ \hline 0.21 \end{array}$$

2. 
$$\begin{array}{r} 0.6 \\ +\ 0.24 \\ \hline 0.84 \end{array}$$

3. 
$$\begin{array}{r} 0.7 \\ +\ 0.31 \\ \hline 1.01 \end{array}$$

4. 
$$\begin{array}{r} 1.2 \\ +\ 0.66 \\ \hline 1.86 \end{array}$$

5. 
$$\begin{array}{r} 2.3 \\ +\ 1.98 \\ \hline 4.28 \end{array}$$

6. 
$$\begin{array}{r} 3.3 \\ +\ 2.22 \\ \hline 5.52 \end{array}$$

7. 
$$\begin{array}{r} 3.5 \\ +\ 5.67 \\ \hline 9.17 \end{array}$$

8. 
$$\begin{array}{r} 4.3 \\ +\ 3.45 \\ \hline 7.75 \end{array}$$

9. 
$$\begin{array}{r} 4.7 \\ +\ 3.45 \\ \hline 8.15 \end{array}$$

10. 
$$\begin{array}{r} 4.9 \\ +\ 2.76 \\ \hline 7.66 \end{array}$$

11. 
$$\begin{array}{r} 5.3 \\ +\ 3.67 \\ \hline 8.97 \end{array}$$

12. 
$$\begin{array}{r} 5.8 \\ +\ 3.85 \\ \hline 9.65 \end{array}$$

13. 
$$\begin{array}{r} 6.7 \\ +\ 4.36 \\ \hline 11.06 \end{array}$$

14. 
$$\begin{array}{r} 7.1 \\ +\ 1.23 \\ \hline 8.33 \end{array}$$

15. 
$$\begin{array}{r} 7.3 \\ +\ 1.95 \\ \hline 9.25 \end{array}$$

16. 
$$\begin{array}{r} 8.3 \\ +\ 3.83 \\ \hline 12.13 \end{array}$$

17. 
$$\begin{array}{r} 9.4 \\ +\ 0.19 \\ \hline 9.59 \end{array}$$

18. 
$$\begin{array}{r} 9.6 \\ +\ 0.67 \\ \hline 10.27 \end{array}$$

---

정답 12쪽

19. 
$$\begin{array}{r} 0.1 \\ +\ 1.23 \\ \hline 1.33 \end{array}$$

20. 
$$\begin{array}{r} 0.2 \\ +\ 5.38 \\ \hline 5.58 \end{array}$$

21. 
$$\begin{array}{r} 0.6 \\ +\ 6.41 \\ \hline 7.01 \end{array}$$

22. 
$$\begin{array}{r} 1.3 \\ +\ 4.88 \\ \hline 6.18 \end{array}$$

23. 
$$\begin{array}{r} 1.7 \\ +\ 5.23 \\ \hline 6.93 \end{array}$$

24. 
$$\begin{array}{r} 2.3 \\ +\ 6.44 \\ \hline 8.74 \end{array}$$

25. 
$$\begin{array}{r} 2.5 \\ +\ 5.54 \\ \hline 8.04 \end{array}$$

26. 
$$\begin{array}{r} 3.7 \\ +\ 2.19 \\ \hline 5.89 \end{array}$$

27. 
$$\begin{array}{r} 3.8 \\ +\ 2.22 \\ \hline 6.02 \end{array}$$

28. 
$$\begin{array}{r} 3.9 \\ +\ 4.04 \\ \hline 7.94 \end{array}$$

29. 4.1+2.98=7.08

30. 4.6+3.17=7.77

31. 5.6+2.43=8.03

32. 5.6+2.88=8.48

33. 5.7+3.18=8.88

34. 6.1+2.94=9.04

35. 6.3+2.44=8.74

36. 6.5+3.41=9.91

37. 7.7+2.71=10.41

38. 7.7+4.73=12.43

39. 8.1+0.29=8.39

40. 8.8+2.48=11.28

41. 9.8+0.67=10.47

42. 10.6+6.07=16.67

43. 16.8+5.32=22.12

44. 23.4+2.24=25.64

## 13 (소수 두 자리 수)+(소수 한 자리 수)

정답 13쪽 | 맞힌 개수: /44

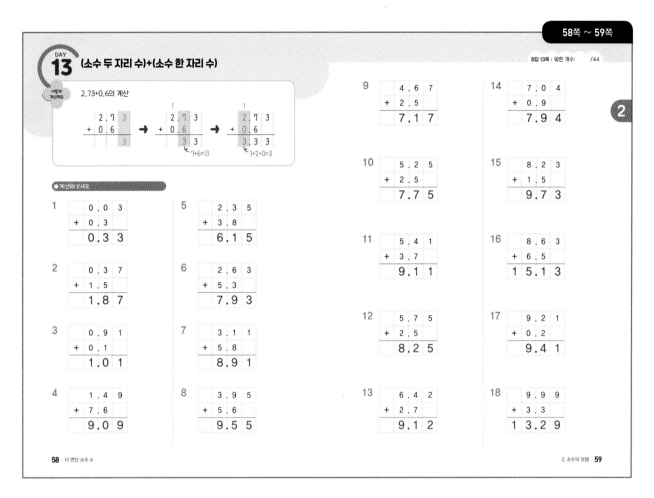

2.73+0.6의 계산

●계산해 보세요.

1
```
  0 . 0 3
+   0 . 3
  0 . 3 3
```

5
```
  2 . 3 5
+ 3 . 8
  6 . 1 5
```

2
```
  0 . 3 7
+ 1 . 5
  1 . 8 7
```

6
```
  2 . 6 3
+ 5 . 3
  7 . 9 3
```

3
```
  0 . 9 1
+ 0 . 1
  1 . 0 1
```

7
```
  3 . 1 1
+ 5 . 8
  8 . 9 1
```

4
```
  1 . 4 9
+ 7 . 6
  9 . 0 9
```

8
```
  3 . 9 5
+ 5 . 6
  9 . 5 5
```

9
```
  4 . 6 7
+ 2 . 5
  7 . 1 7
```

14
```
  7 . 0 4
+ 0 . 9
  7 . 9 4
```

10
```
  5 . 2 5
+ 2 . 5
  7 . 7 5
```

15
```
  8 . 2 3
+ 1 . 5
  9 . 7 3
```

11
```
  5 . 4 1
+ 3 . 7
  9 . 1 1
```

16
```
  8 . 6 3
+ 6 . 5
1 5 . 1 3
```

12
```
  5 . 7 5
+ 2 . 5
  8 . 2 5
```

17
```
  9 . 2 1
+ 0 . 2
  9 . 4 1
```

13
```
  6 . 4 2
+ 2 . 7
  9 . 1 2
```

18
```
  9 . 9 9
+ 3 . 3
1 3 . 2 9
```

---

정답 13쪽

19
```
  0 . 0 6
+ 0 . 2
  0 . 2 6
```

24
```
  1 . 6 1
+ 1 . 6
  3 . 2 1
```

20
```
  0 . 7 7
+ 0 . 5
  1 . 2 7
```

25
```
  2 . 2 3
+ 4 . 5
  6 . 7 3
```

21
```
  0 . 7 8
+ 0 . 2
  0 . 9 8
```

26
```
  2 . 9 5
+ 3 . 1
  6 . 0 5
```

22
```
  1 . 1 1
+ 1 . 1
  2 . 2 1
```

27
```
  3 . 3 1
+ 4 . 5
  7 . 8 1
```

23
```
  1 . 5 9
+ 0 . 8
  2 . 3 9
```

28
```
  3 . 4 9
+ 5 . 6
  9 . 0 9
```

29  3.77+0.2=3.97

30  4.37+2.8=7.17

31  4.75+4.1=8.85

32  5.42+4.3=9.72

33  5.63+2.9=8.53

34  5.72+3.7=9.42

35  6.05+2.2=8.25

36  6.18+3.9=10.08

37  7.38+2.4=9.78

38  7.67+2.6=10.27

39  8.46+1.5=9.96

40  8.96+5.1=14.06

41  9.04+0.9=9.94

42  9.44+1.8=11.24

43  23.29+6.6=29.89

44  25.86+3.4=29.26

정답

**DAY 14** (자연수)+(소수 한 자리 수), (소수 한 자리 수)+(자연수)

정답 14쪽 | 맞힌 개수: /44

이렇게 계산해요

5+0.4의 계산

$$
\begin{array}{r} 5 \\ + 0.4 \\ \hline 4 \end{array} \Rightarrow \begin{array}{r} 5 \\ + 0.4 \\ \hline 5.4 \end{array}
$$

5+0=5

2.4+1의 계산

$$
\begin{array}{r} 2.4 \\ + 1 \\ \hline 4 \end{array} \Rightarrow \begin{array}{r} 2.4 \\ + 1 \\ \hline 3.4 \end{array}
$$

2+1=3

● 계산해 보세요.

1
$$
\begin{array}{r} 1 \\ + 0.6 \\ \hline 1.6 \end{array}
$$

2
$$
\begin{array}{r} 2 \\ + 6.9 \\ \hline 8.9 \end{array}
$$

3
$$
\begin{array}{r} 3 \\ + 1.1 \\ \hline 4.1 \end{array}
$$

4
$$
\begin{array}{r} 4 \\ + 2.5 \\ \hline 6.5 \end{array}
$$

5
$$
\begin{array}{r} 5 \\ + 4.1 \\ \hline 9.1 \end{array}
$$

6
$$
\begin{array}{r} 6 \\ + 3.3 \\ \hline 9.3 \end{array}
$$

7
$$
\begin{array}{r} 7 \\ + 1.7 \\ \hline 8.7 \end{array}
$$

8
$$
\begin{array}{r} 8 \\ + 0.8 \\ \hline 8.8 \end{array}
$$

9
$$
\begin{array}{r} 0.7 \\ + 3 \\ \hline 3.7 \end{array}
$$

10
$$
\begin{array}{r} 1.1 \\ + 7 \\ \hline 8.1 \end{array}
$$

11
$$
\begin{array}{r} 2.5 \\ + 5 \\ \hline 7.5 \end{array}
$$

12
$$
\begin{array}{r} 3.6 \\ + 6 \\ \hline 9.6 \end{array}
$$

13
$$
\begin{array}{r} 4.4 \\ + 4 \\ \hline 8.4 \end{array}
$$

14
$$
\begin{array}{r} 5.8 \\ + 8 \\ \hline 13.8 \end{array}
$$

15
$$
\begin{array}{r} 6.7 \\ + 7 \\ \hline 13.7 \end{array}
$$

16
$$
\begin{array}{r} 7.2 \\ + 3 \\ \hline 10.2 \end{array}
$$

17
$$
\begin{array}{r} 8.6 \\ + 1 \\ \hline 9.6 \end{array}
$$

18
$$
\begin{array}{r} 9.9 \\ + 9 \\ \hline 18.9 \end{array}
$$

정답 14쪽

19
$$
\begin{array}{r} 1 \\ + 0.2 \\ \hline 1.2 \end{array}
$$

20
$$
\begin{array}{r} 1 \\ + 2.7 \\ \hline 3.7 \end{array}
$$

21
$$
\begin{array}{r} 2 \\ + 1.9 \\ \hline 3.9 \end{array}
$$

22
$$
\begin{array}{r} 3 \\ + 2.2 \\ \hline 5.2 \end{array}
$$

23
$$
\begin{array}{r} 3 \\ + 7.7 \\ \hline 10.7 \end{array}
$$

24
$$
\begin{array}{r} 4.3 \\ + 2 \\ \hline 6.3 \end{array}
$$

25
$$
\begin{array}{r} 4.6 \\ + 4 \\ \hline 8.6 \end{array}
$$

26
$$
\begin{array}{r} 5.4 \\ + 6 \\ \hline 11.4 \end{array}
$$

27
$$
\begin{array}{r} 7.8 \\ + 8 \\ \hline 15.8 \end{array}
$$

28
$$
\begin{array}{r} 8.1 \\ + 9 \\ \hline 17.1 \end{array}
$$

29 1+0.3=1.3

30 1+4.1=5.1

31 2+7.1=9.1

32 3+9.1=12.1

33 4+8.2=12.2

34 7+3.4=10.4

35 7+5.6=12.6

36 8+2.5=10.5

37 8.7+5=13.7

38 9.7+7=16.7

39 9.8+9=18.8

40 10.9+8=18.9

41 16.3+6=22.3

42 17.4+8=25.4

43 28.6+5=33.6

44 29.9+10=39.9

# DAY 15 (자연수)+(소수 두 자리 수), (소수 두 자리 수)+(자연수)

정답 15쪽 | 맞힌 개수: /42

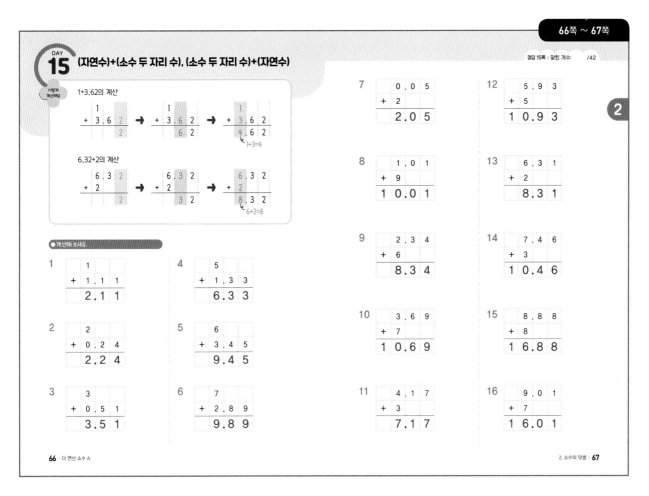

**이렇게 계산해요**

1+3.62의 계산

6.32+2의 계산

● 계산해 보세요.

1
```
    1
+ 1.1 1
--------
  2.1 1
```

2
```
    2
+ 0.2 4
--------
  2.2 4
```

3
```
    3
+ 0.5 1
--------
  3.5 1
```

4
```
    5
+ 1.3 3
--------
  6.3 3
```

5
```
    6
+ 3.4 5
--------
  9.4 5
```

6
```
    7
+ 2.8 9
--------
  9.8 9
```

7
```
  0.0 5
+   2
--------
  2.0 5
```

8
```
  1.0 1
+   9
--------
10.0 1
```

9
```
  2.3 4
+   6
--------
  8.3 4
```

10
```
  3.6 9
+   7
--------
10.6 9
```

11
```
  4.1 7
+   3
--------
  7.1 7
```

12
```
  5.9 3
+   5
--------
10.9 3
```

13
```
  6.3 1
+   2
--------
  8.3 1
```

14
```
  7.4 6
+   3
--------
10.4 6
```

15
```
  8.8 8
+   8
--------
16.8 8
```

16
```
  9.0 1
+   7
--------
16.0 1
```

66 · 더 연산 소수 A

2. 소수의 덧셈 · 67

정답 15쪽

17
```
    1
+ 0.0 2
--------
  1.0 2
```

18
```
    2
+ 3.5 7
--------
  5.5 7
```

19
```
    3
+ 5.6 4
--------
  8.6 4
```

20
```
    3
+ 7.0 5
--------
10.0 5
```

21
```
    4
+ 7.9 2
--------
11.9 2
```

22
```
  4.7 9
+   2
--------
  6.7 9
```

23
```
  5.3 5
+   4
--------
  9.3 5
```

24
```
  6.6 7
+   6
--------
12.6 7
```

25
```
  7.8 1
+   8
--------
15.8 1
```

26
```
  9.1 3
+   9
--------
18.1 3
```

27 1+4.32=5.32

28 2+1.38=3.38

29 2+6.64=8.64

30 5+0.05=5.05

31 5+9.32=14.32

32 6+8.01=14.01

33 8+2.91=10.91

34 9+5.48=14.48

35 9.76+4=13.76

36 10.99+9=19.99

37 13.33+6=19.33

38 14.78+3=17.78

39 26.01+6=32.01

40 27.53+3=30.53

41 28.26+8=36.26

42 39.77+1=40.77

68 · 더 연산 소수 A

2. 소수의 덧셈 · 69

정답 · 15

## DAY 16 평가

정답 16쪽 | 맞힌 개수: /22

●계산해 보세요.

**1**
```
  0 . 2 7
+ 0 . 7 9
─────────
  1 . 0 6
```

**2**
```
  0 . 3
+ 0 . 5
───────
  0 . 8
```

**3**
```
  0 . 5
+ 0 . 1
───────
  0 . 6
```

**4**
```
  0 . 6 8
+ 0 . 5 1
─────────
  1 . 1 9
```

**5**
```
  0 . 7
+ 0 . 4 8
─────────
  1 . 1 8
```

**6**
```
  1 . 1
+ 2 . 5 9
─────────
  3 . 6 9
```

**7**
```
  1 . 2
+ 0 . 9
───────
  2 . 1
```

**8**
```
  1 . 2 3
+ 6
─────────
  7 . 2 3
```

**9**
```
  1 . 2 5
+ 0 . 5 3
─────────
  1 . 7 8
```

**10**
```
  2
+ 7 . 9
───────
  9 . 9
```

**11** $2.43+0.26=2.69$

**12** $2.64+1.5=4.14$

**13** $3+3.45=6.45$

**14** $3.33+4.4=7.73$

**15** $4.1+1.97=6.07$

**16** $4.6+5=9.6$

**17** $5.01+4.5=9.51$

**18** $7+0.17=7.17$

**19** $7.3+1.8=9.1$

**20** $8.43+1.8=10.23$

**21** $8.8+3=11.8$

**22** $9.36+2=11.36$

2

## 숨은그림 찾기

정답 16쪽

>> 숨은 그림 8개를 찾아보세요.

**16** · 더 연산 소수 A

## DAY 17 (소수 한 자리 수)-(소수 한 자리 수)
: 받아내림이 없는 경우

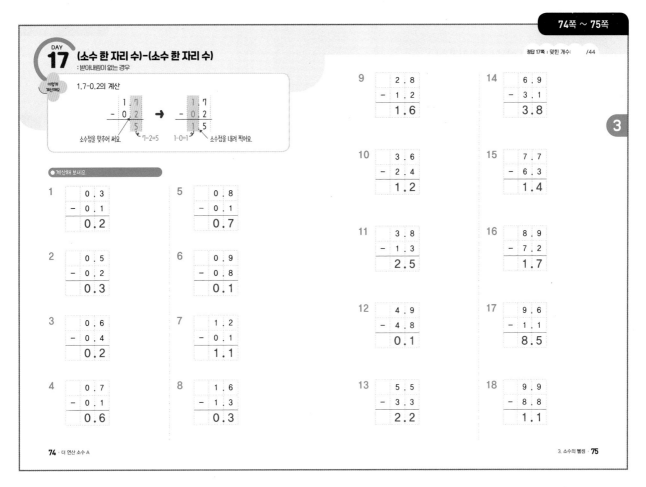

어떻게 계산해요

**1.7-0.2의 계산**

소수점을 맞추어 써요.  7-2=5  1-0=1  소수점을 내려 찍어요.

● 계산해 보세요.

1
```
  0.3
- 0.1
  0.2
```

5
```
  0.8
- 0.1
  0.7
```

9
```
  2.8
- 1.2
  1.6
```

14
```
  6.9
- 3.1
  3.8
```

2
```
  0.5
- 0.2
  0.3
```

6
```
  0.9
- 0.8
  0.1
```

10
```
  3.6
- 2.4
  1.2
```

15
```
  7.7
- 6.3
  1.4
```

3
```
  0.6
- 0.4
  0.2
```

7
```
  1.2
- 0.1
  1.1
```

11
```
  3.8
- 1.3
  2.5
```

16
```
  8.9
- 7.2
  1.7
```

12
```
  4.9
- 4.8
  0.1
```

17
```
  9.6
- 1.1
  8.5
```

4
```
  0.7
- 0.1
  0.6
```

8
```
  1.6
- 1.3
  0.3
```

13
```
  5.5
- 3.3
  2.2
```

18
```
  9.9
- 8.8
  1.1
```

74 · 더 연산 소수 A

3. 소수의 뺄셈 · 75

19
```
  0.5
- 0.4
  0.1
```

24
```
  2.7
- 1.3
  1.4
```

29  4.9-2.9=2

37  7.9-3.3=4.6

30  5.5-1.1=4.4

38  8.7-6.2=2.5

20
```
  0.8
- 0.7
  0.1
```

25
```
  2.9
- 0.2
  2.7
```

31  5.8-0.6=5.2

39  8.8-0.8=8

32  5.9-4.2=1.7

40  8.9-0.1=8.8

21
```
  0.9
- 0.1
  0.8
```

26
```
  3.3
- 2.1
  1.2
```

33  6.3-1.1=5.2

41  9.2-0.1=9.1

22
```
  1.4
- 0.3
  1.1
```

27
```
  3.9
- 3.6
  0.3
```

34  6.5-2.2=4.3

42  9.5-8.1=1.4

35  7.4-4.1=3.3

43  13.8-2.6=11.2

23
```
  1.6
- 0.1
  1.5
```

28
```
  4.8
- 3.2
  1.6
```

36  7.7-0.6=7.1

44  22.9-1.5=21.4

76 · 더 연산 소수 A

3. 소수의 뺄셈 · 77

정답 · **17**

# 정답

## DAY 18 (소수 한 자리 수)-(소수 한 자리 수)
: 받아내림이 있는 경우

정답 18쪽 | 맞힌 개수: /44

**이렇게 계산해요** 1.4-0.6의 계산

```
    0  10
    1 . 4          1 . 4
  - 0 . 6    →   - 0 . 6
        8          0 . 8
      14-6=8
```

● 계산해 보세요.

1
```
  1 . 3
- 0 . 5
  0 . 8
```

5
```
  2 . 3
- 1 . 9
  0 . 4
```

9
```
  4 . 1
- 0 . 7
  3 . 4
```

14
```
  7 . 2
- 5 . 8
  1 . 4
```

2
```
  1 . 4
- 0 . 9
  0 . 5
```

6
```
  2 . 7
- 0 . 8
  1 . 9
```

10
```
  4 . 5
- 1 . 6
  2 . 9
```

15
```
  7 . 7
- 5 . 9
  1 . 8
```

3
```
  1 . 6
- 0 . 7
  0 . 9
```

7
```
  3 . 1
- 2 . 5
  0 . 6
```

11
```
  5 . 1
- 3 . 9
  1 . 2
```

16
```
  8 . 3
- 1 . 6
  6 . 7
```

4
```
  2 . 1
- 1 . 9
  0 . 2
```

8
```
  3 . 6
- 1 . 9
  1 . 7
```

12
```
  6 . 2
- 1 . 9
  4 . 3
```

17
```
  9 . 2
- 0 . 6
  8 . 6
```

13
```
  6 . 6
- 4 . 9
  1 . 7
```

18
```
  9 . 5
- 8 . 7
  0 . 8
```

정답 18쪽

19
```
  1 . 1
- 0 . 8
  0 . 3
```

24
```
  3 . 4
- 1 . 6
  1 . 8
```

29 5.1-4.7=0.4

37 8.2-5.3=2.9

20
```
  1 . 3
- 0 . 4
  0 . 9
```

25
```
  3 . 6
- 1 . 7
  1 . 9
```

30 5.4-0.5=4.9

38 8.4-3.6=4.8

31 5.5-3.8=1.7

39 8.5-7.9=0.6

21
```
  2 . 2
- 0 . 7
  1 . 5
```

26
```
  4 . 2
- 0 . 9
  3 . 3
```

32 6.1-1.6=4.5

40 9.1-1.8=7.3

33 6.4-0.5=5.9

41 9.5-7.6=1.9

22
```
  2 . 7
- 1 . 8
  0 . 9
```

27
```
  4 . 4
- 1 . 8
  2 . 6
```

34 6.6-5.9=0.7

42 9.7-4.9=4.8

35 7.3-2.7=4.6

43 10.1-6.9=3.2

23
```
  3 . 1
- 2 . 4
  0 . 7
```

28
```
  4 . 5
- 3 . 7
  0 . 8
```

36 7.7-1.8=5.9

44 25.2-2.8=22.4

**18** · 더 연산 소수 A

## DAY 19 (소수 두 자리 수)-(소수 두 자리 수)
: 받아내림이 없는 경우

**이렇게 계산해요**

1.79-0.53의 계산

$$\begin{array}{r} 1.7\,9 \\ -\,0.5\,3 \\ \hline 6 \end{array} \rightarrow \begin{array}{r} 1.7\,9 \\ -\,0.5\,3 \\ \hline 2\,6 \end{array} \rightarrow \begin{array}{r} 1.7\,9 \\ -\,0.5\,3 \\ \hline 1.2\,6 \end{array}$$

9-3=6    7-5=2    1-0=1

● 계산해 보세요.

1
$$\begin{array}{r} 0.5\,5 \\ -\,0.1\,1 \\ \hline 0.4\,4 \end{array}$$

5
$$\begin{array}{r} 1.6\,2 \\ -\,1.6\,1 \\ \hline 0.0\,1 \end{array}$$

2
$$\begin{array}{r} 0.6\,6 \\ -\,0.4\,3 \\ \hline 0.2\,3 \end{array}$$

6
$$\begin{array}{r} 2.5\,3 \\ -\,1.4\,2 \\ \hline 1.1\,1 \end{array}$$

3
$$\begin{array}{r} 0.9\,5 \\ -\,0.0\,1 \\ \hline 0.9\,4 \end{array}$$

7
$$\begin{array}{r} 2.7\,1 \\ -\,1.0\,1 \\ \hline 1.7 \end{array}$$

4
$$\begin{array}{r} 1.2\,9 \\ -\,1.1\,3 \\ \hline 0.1\,6 \end{array}$$

8
$$\begin{array}{r} 3.1\,6 \\ -\,1.0\,3 \\ \hline 2.1\,3 \end{array}$$

9
$$\begin{array}{r} 3.9\,9 \\ -\,0.8\,6 \\ \hline 3.1\,3 \end{array}$$

14
$$\begin{array}{r} 6.6\,8 \\ -\,3.2\,6 \\ \hline 3.4\,2 \end{array}$$

10
$$\begin{array}{r} 4.8\,3 \\ -\,0.5\,1 \\ \hline 4.3\,2 \end{array}$$

15
$$\begin{array}{r} 7.4\,5 \\ -\,4.4\,4 \\ \hline 3.0\,1 \end{array}$$

11
$$\begin{array}{r} 5.7\,9 \\ -\,1.0\,7 \\ \hline 4.7\,2 \end{array}$$

16
$$\begin{array}{r} 8.6\,4 \\ -\,1.2\,3 \\ \hline 7.4\,1 \end{array}$$

12
$$\begin{array}{r} 5.8\,6 \\ -\,3.2\,1 \\ \hline 2.6\,5 \end{array}$$

17
$$\begin{array}{r} 9.1\,1 \\ -\,1.0\,1 \\ \hline 8.1 \end{array}$$

13
$$\begin{array}{r} 6.3\,5 \\ -\,2.1\,1 \\ \hline 4.2\,4 \end{array}$$

18
$$\begin{array}{r} 9.9\,9 \\ -\,7.7\,7 \\ \hline 2.2\,2 \end{array}$$

3

---

19
$$\begin{array}{r} 0.1\,9 \\ -\,0.0\,2 \\ \hline 0.1\,7 \end{array}$$

24
$$\begin{array}{r} 2.7\,9 \\ -\,1.4\,3 \\ \hline 1.3\,6 \end{array}$$

20
$$\begin{array}{r} 0.7\,5 \\ -\,0.4\,2 \\ \hline 0.3\,3 \end{array}$$

25
$$\begin{array}{r} 2.9\,4 \\ -\,1.1\,3 \\ \hline 1.8\,1 \end{array}$$

21
$$\begin{array}{r} 1.1\,3 \\ -\,0.1\,1 \\ \hline 1.0\,2 \end{array}$$

26
$$\begin{array}{r} 3.2\,8 \\ -\,1.2\,6 \\ \hline 2.0\,2 \end{array}$$

22
$$\begin{array}{r} 1.2\,8 \\ -\,0.1\,7 \\ \hline 1.1\,1 \end{array}$$

27
$$\begin{array}{r} 3.6\,6 \\ -\,3.5\,1 \\ \hline 0.1\,5 \end{array}$$

23
$$\begin{array}{r} 1.5\,9 \\ -\,1.3\,5 \\ \hline 0.2\,4 \end{array}$$

28
$$\begin{array}{r} 4.5\,2 \\ -\,2.1\,1 \\ \hline 2.4\,1 \end{array}$$

29 $4.66-2.55=2.11$

30 $4.72-3.11=1.61$

31 $5.07-1.05=4.02$

32 $5.36-3.35=2.01$

33 $6.29-3.29=3$

34 $6.38-2.11=4.27$

35 $6.66-3.33=3.33$

36 $7.36-1.23=6.13$

37 $7.75-3.55=4.2$

38 $8.04-1.02=7.02$

39 $8.22-5.11=3.11$

40 $8.99-4.11=4.88$

41 $9.39-3.13=6.26$

42 $9.73-2.31=7.42$

43 $18.88-6.37=12.51$

44 $24.47-3.13=21.34$

3

## 정답

### DAY 20 (소수 두 자리 수)-(소수 두 자리 수)
: 받아내림이 있는 경우

정답 20쪽 | 맞힌 개수: /44

**1.94-0.25의 계산**

|     | 8 | 10 |     |     | 8 | 10 |     |     | 8 | 10 |
|-----|---|----|-----|-----|---|----|-----|-----|---|----|
| 1 . 9 | 4 |    | →  | 1 . 9 | 4 |    | →  | 1 . 9 | 4 |
| - 0 . 2 | 5 |    |    | - 0 . 2 | 5 |    |    | - 0 . 2 | 5 |
|     | 9 |    |    | 6 | 9 |    |    | 1 . 6 | 9 |
|  14-5=9 |   |    |    | 8-2=6 |   |    |    | 1-0=1 |   |

● 계산해 보세요.

**1**
```
  0 . 1 4
- 0 . 0 5
  0 . 0 9
```

**2**
```
  0 . 6 3
- 0 . 1 7
  0 . 4 6
```

**3**
```
  1 . 1 2
- 0 . 0 8
  1 . 0 4
```

**4**
```
  1 . 4 4
- 1 . 2 9
  0 . 1 5
```

**5**
```
  2 . 1 8
- 0 . 2 1
  1 . 9 7
```

**6**
```
  3 . 2 2
- 2 . 3 1
  0 . 9 1
```

**7**
```
  3 . 6 9
- 1 . 8 5
  1 . 8 4
```

**8**
```
  4 . 6 8
- 0 . 9 1
  3 . 7 7
```

**9**
```
  5 . 1 7
- 1 . 1 8
  3 . 9 9
```

**10**
```
  5 . 7 2
- 4 . 9 4
  0 . 7 8
```

**11**
```
  6 . 3 4
- 3 . 4 5
  2 . 8 9
```

**12**
```
  6 . 6 2
- 2 . 6 6
  3 . 9 6
```

**13**
```
  7 . 0 1
- 1 . 0 5
  5 . 9 6
```

**14**
```
  7 . 6 6
- 6 . 7 7
  0 . 8 9
```

**15**
```
  8 . 5 4
- 5 . 7 6
  2 . 7 8
```

**16**
```
  8 . 8 3
- 2 . 9 8
  5 . 8 5
```

**17**
```
  9 . 0 3
- 1 . 1 4
  7 . 8 9
```

**18**
```
  9 . 3 3
- 3 . 8 9
  5 . 4 4
```

정답 20쪽

**19**
```
  0 . 1 1
- 0 . 0 9
  0 . 0 2
```

**20**
```
  0 . 6 2
- 0 . 5 6
  0 . 0 6
```

**21**
```
  0 . 9 1
- 0 . 7 4
  0 . 1 7
```

**22**
```
  1 . 3 7
- 0 . 1 8
  1 . 1 9
```

**23**
```
  1 . 5 6
- 0 . 4 8
  1 . 0 8
```

**24**
```
  2 . 1 6
- 0 . 3 3
  1 . 8 3
```

**25**
```
  2 . 5 7
- 0 . 6 6
  1 . 9 1
```

**26**
```
  3 . 2 8
- 0 . 9 4
  2 . 3 4
```

**27**
```
  3 . 5 4
- 2 . 7 1
  0 . 8 3
```

**28**
```
  4 . 1 5
- 3 . 3 3
  0 . 8 2
```

**29** 4.21-1.17=**3.04**

**30** 4.54-3.36=**1.18**

**31** 5.25-4.09=**1.16**

**32** 5.37-1.28=**4.09**

**33** 5.79-0.91=**4.88**

**34** 6.28-3.47=**2.81**

**35** 6.58-3.77=**2.81**

**36** 7.27-1.36=**5.91**

**37** 7.58-5.99=**1.59**

**38** 7.73-3.95=**3.78**

**39** 8.56-4.78=**3.78**

**40** 8.82-0.88=**7.94**

**41** 9.35-6.79=**2.56**

**42** 9.73-8.88=**0.85**

**43** 14.42-1.56=**12.86**

**44** 21.76-2.99=**18.77**

# DAY 21 (소수 한 자리 수)-(소수 두 자리 수)

정답 21쪽 | 맞힌 개수:  /44

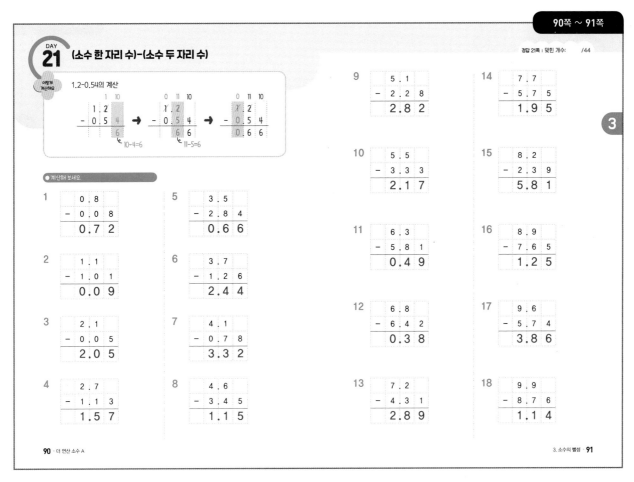

1.2-0.54의 계산

● 계산해 보세요.

**1**
$$\begin{array}{r} 0.8 \\ -\ 0.08 \\ \hline 0.72 \end{array}$$

**2**
$$\begin{array}{r} 1.1 \\ -\ 1.01 \\ \hline 0.09 \end{array}$$

**3**
$$\begin{array}{r} 2.1 \\ -\ 0.05 \\ \hline 2.05 \end{array}$$

**4**
$$\begin{array}{r} 2.7 \\ -\ 1.13 \\ \hline 1.57 \end{array}$$

**5**
$$\begin{array}{r} 3.5 \\ -\ 2.84 \\ \hline 0.66 \end{array}$$

**6**
$$\begin{array}{r} 3.7 \\ -\ 1.26 \\ \hline 2.44 \end{array}$$

**7**
$$\begin{array}{r} 4.1 \\ -\ 0.78 \\ \hline 3.32 \end{array}$$

**8**
$$\begin{array}{r} 4.6 \\ -\ 3.45 \\ \hline 1.15 \end{array}$$

**9**
$$\begin{array}{r} 5.1 \\ -\ 2.28 \\ \hline 2.82 \end{array}$$

**10**
$$\begin{array}{r} 5.5 \\ -\ 3.33 \\ \hline 2.17 \end{array}$$

**11**
$$\begin{array}{r} 6.3 \\ -\ 5.81 \\ \hline 0.49 \end{array}$$

**12**
$$\begin{array}{r} 6.8 \\ -\ 6.42 \\ \hline 0.38 \end{array}$$

**13**
$$\begin{array}{r} 7.2 \\ -\ 4.31 \\ \hline 2.89 \end{array}$$

**14**
$$\begin{array}{r} 7.7 \\ -\ 5.75 \\ \hline 1.95 \end{array}$$

**15**
$$\begin{array}{r} 8.2 \\ -\ 2.39 \\ \hline 5.81 \end{array}$$

**16**
$$\begin{array}{r} 8.9 \\ -\ 7.65 \\ \hline 1.25 \end{array}$$

**17**
$$\begin{array}{r} 9.6 \\ -\ 5.74 \\ \hline 3.86 \end{array}$$

**18**
$$\begin{array}{r} 9.9 \\ -\ 8.76 \\ \hline 1.14 \end{array}$$

---

정답 21쪽

**19**
$$\begin{array}{r} 0.2 \\ -\ 0.09 \\ \hline 0.11 \end{array}$$

**20**
$$\begin{array}{r} 0.6 \\ -\ 0.13 \\ \hline 0.47 \end{array}$$

**21**
$$\begin{array}{r} 1.1 \\ -\ 0.38 \\ \hline 0.72 \end{array}$$

**22**
$$\begin{array}{r} 1.7 \\ -\ 0.14 \\ \hline 1.56 \end{array}$$

**23**
$$\begin{array}{r} 1.9 \\ -\ 1.19 \\ \hline 0.71 \end{array}$$

**24**
$$\begin{array}{r} 2.1 \\ -\ 1.03 \\ \hline 1.07 \end{array}$$

**25**
$$\begin{array}{r} 2.2 \\ -\ 1.22 \\ \hline 0.98 \end{array}$$

**26**
$$\begin{array}{r} 3.4 \\ -\ 3.03 \\ \hline 0.37 \end{array}$$

**27**
$$\begin{array}{r} 3.8 \\ -\ 0.57 \\ \hline 3.23 \end{array}$$

**28**
$$\begin{array}{r} 4.1 \\ -\ 1.41 \\ \hline 2.69 \end{array}$$

**29** 4.4-2.89=1.51

**30** 4.8-1.01=3.79

**31** 5.5-5.27=0.23

**32** 5.9-1.22=4.68

**33** 6.1-5.84=0.26

**34** 6.7-3.52=3.18

**35** 6.9-6.14=0.76

**36** 7.1-1.23=5.87

**37** 7.3-4.05=3.25

**38** 8.1-3.64=4.46

**39** 8.3-7.26=1.04

**40** 8.8-5.85=2.95

**41** 9.3-0.11=9.19

**42** 9.8-8.29=1.51

**43** 11.9-9.87=2.03

**44** 23.4-6.22=17.18

## DAY 22 (소수 두 자리 수)-(소수 한 자리 수)

이렇게 계산해요!

1.23-0.4의 계산

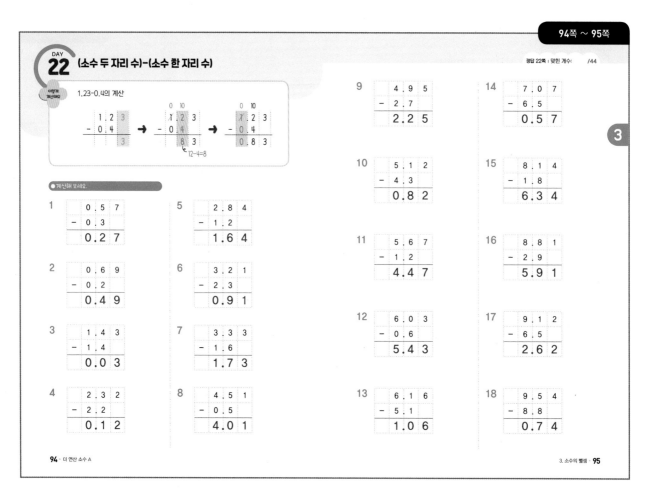

● 계산해 보세요.

1
```
  0 . 5 7
-   0 . 3
  0 . 2 7
```

2
```
  0 . 6 9
-   0 . 2
  0 . 4 9
```

3
```
  1 . 4 3
-   1 . 4
  0 . 0 3
```

4
```
  2 . 3 2
-   2 . 2
  0 . 1 2
```

5
```
  2 . 8 4
-   1 . 2
  1 . 6 4
```

6
```
  3 . 2 1
-   2 . 3
  0 . 9 1
```

7
```
  3 . 3 3
-   1 . 6
  1 . 7 3
```

8
```
  4 . 5 1
-   0 . 5
  4 . 0 1
```

9
```
  4 . 9 5
-   2 . 7
  2 . 2 5
```

10
```
  5 . 1 2
-   4 . 3
  0 . 8 2
```

11
```
  5 . 6 7
-   1 . 2
  4 . 4 7
```

12
```
  6 . 0 3
-   0 . 6
  5 . 4 3
```

13
```
  6 . 1 6
-   5 . 1
  1 . 0 6
```

14
```
  7 . 0 7
-   6 . 5
  0 . 5 7
```

15
```
  8 . 1 4
-   1 . 8
  6 . 3 4
```

16
```
  8 . 8 1
-   2 . 9
  5 . 9 1
```

17
```
  9 . 1 2
-   6 . 5
  2 . 6 2
```

18
```
  9 . 5 4
-   8 . 8
  0 . 7 4
```

19
```
  0 . 2 4
-   0 . 2
  0 . 0 4
```

20
```
  0 . 7 8
-   0 . 4
  0 . 3 8
```

21
```
  1 . 3 5
-   0 . 2
  1 . 1 5
```

22
```
  1 . 7 3
-   0 . 9
  0 . 8 3
```

23
```
  2 . 4 8
-   1 . 5
  0 . 9 8
```

24
```
  2 . 6 9
-   2 . 1
  0 . 5 9
```

25
```
  3 . 4 9
-   2 . 6
  0 . 8 9
```

26
```
  3 . 5 4
-   1 . 8
  1 . 7 4
```

27
```
  4 . 1 7
-   3 . 9
  0 . 2 7
```

28
```
  4 . 5 6
-   3 . 4
  1 . 1 6
```

29 5.43-4.3=1.13

30 5.71-2.9=2.81

31 6.12-5.4=0.72

32 6.38-2.2=4.18

33 6.96-1.6=5.36

34 7.01-1.7=5.31

35 7.59-3.2=4.39

36 7.77-6.8=0.97

37 8.12-1.2=6.92

38 8.36-5.5=2.86

39 8.48-4.8=3.68

40 9.09-1.9=7.19

41 9.25-4.2=5.05

42 9.97-7.9=2.07

43 17.45-3.5=13.95

44 26.26-5.6=20.66

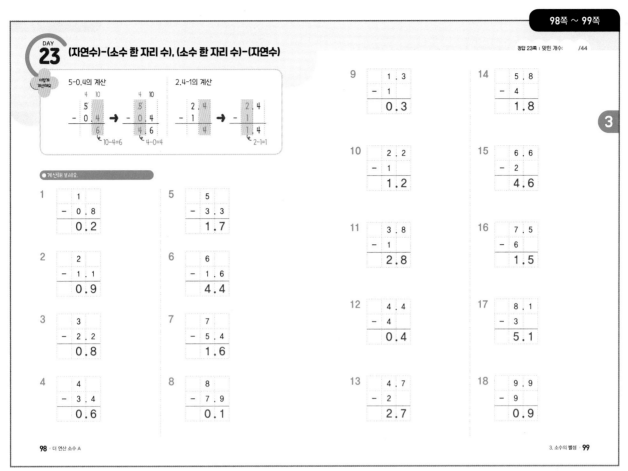

## DAY 23 (자연수)-(소수 한 자리 수), (소수 한 자리 수)-(자연수)

**5-0.4의 계산**

$$\begin{array}{r} 4\ \ 10 \\ 5 \\ - \ 0 . 4 \\ \hline 6 \end{array} \rightarrow \begin{array}{r} 4\ \ 10 \\ 5 \\ - \ 0 . 4 \\ \hline 4 . 6 \end{array}$$
10-4=6    4-0=4

**2.4-1의 계산**

$$\begin{array}{r} 2 . 4 \\ - \ \ \ 1 \\ \hline 4 \end{array} \rightarrow \begin{array}{r} 2 . 4 \\ - \ \ \ 1 \\ \hline 1 . 4 \end{array}$$
2-1=1

● 계산해 보세요.

1.
$$\begin{array}{r} 1 \\ - \ 0 . 8 \\ \hline 0 . 2 \end{array}$$

2.
$$\begin{array}{r} 2 \\ - \ 1 . 1 \\ \hline 0 . 9 \end{array}$$

3.
$$\begin{array}{r} 3 \\ - \ 2 . 2 \\ \hline 0 . 8 \end{array}$$

4.
$$\begin{array}{r} 4 \\ - \ 3 . 4 \\ \hline 0 . 6 \end{array}$$

5.
$$\begin{array}{r} 5 \\ - \ 3 . 3 \\ \hline 1 . 7 \end{array}$$

6.
$$\begin{array}{r} 6 \\ - \ 1 . 6 \\ \hline 4 . 4 \end{array}$$

7.
$$\begin{array}{r} 7 \\ - \ 5 . 4 \\ \hline 1 . 6 \end{array}$$

8.
$$\begin{array}{r} 8 \\ - \ 7 . 9 \\ \hline 0 . 1 \end{array}$$

9.
$$\begin{array}{r} 1 . 3 \\ - \ \ \ 1 \\ \hline 0 . 3 \end{array}$$

10.
$$\begin{array}{r} 2 . 2 \\ - \ \ \ 1 \\ \hline 1 . 2 \end{array}$$

11.
$$\begin{array}{r} 3 . 8 \\ - \ \ \ 1 \\ \hline 2 . 8 \end{array}$$

12.
$$\begin{array}{r} 4 . 4 \\ - \ \ \ 4 \\ \hline 0 . 4 \end{array}$$

13.
$$\begin{array}{r} 4 . 7 \\ - \ \ \ 2 \\ \hline 2 . 7 \end{array}$$

14.
$$\begin{array}{r} 5 . 8 \\ - \ \ \ 4 \\ \hline 1 . 8 \end{array}$$

15.
$$\begin{array}{r} 6 . 6 \\ - \ \ \ 2 \\ \hline 4 . 6 \end{array}$$

16.
$$\begin{array}{r} 7 . 5 \\ - \ \ \ 6 \\ \hline 1 . 5 \end{array}$$

17.
$$\begin{array}{r} 8 . 1 \\ - \ \ \ 3 \\ \hline 5 . 1 \end{array}$$

18.
$$\begin{array}{r} 9 . 9 \\ - \ \ \ 9 \\ \hline 0 . 9 \end{array}$$

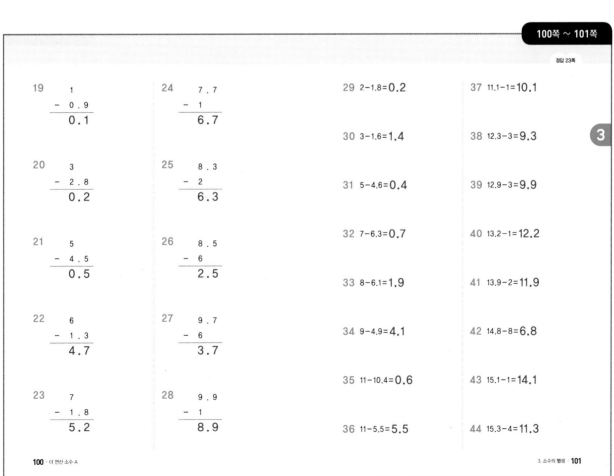

19.
$$\begin{array}{r} 1 \\ - \ 0 . 9 \\ \hline 0 . 1 \end{array}$$

20.
$$\begin{array}{r} 3 \\ - \ 2 . 8 \\ \hline 0 . 2 \end{array}$$

21.
$$\begin{array}{r} 5 \\ - \ 4 . 5 \\ \hline 0 . 5 \end{array}$$

22.
$$\begin{array}{r} 6 \\ - \ 1 . 3 \\ \hline 4 . 7 \end{array}$$

23.
$$\begin{array}{r} 7 \\ - \ 1 . 8 \\ \hline 5 . 2 \end{array}$$

24.
$$\begin{array}{r} 7 . 7 \\ - \ \ \ 1 \\ \hline 6 . 7 \end{array}$$

25.
$$\begin{array}{r} 8 . 3 \\ - \ \ \ 2 \\ \hline 6 . 3 \end{array}$$

26.
$$\begin{array}{r} 8 . 5 \\ - \ \ \ 6 \\ \hline 2 . 5 \end{array}$$

27.
$$\begin{array}{r} 9 . 7 \\ - \ \ \ 6 \\ \hline 3 . 7 \end{array}$$

28.
$$\begin{array}{r} 9 . 9 \\ - \ \ \ 1 \\ \hline 8 . 9 \end{array}$$

29. 2-1.8=0.2

30. 3-1.6=1.4

31. 5-4.6=0.4

32. 7-6.3=0.7

33. 8-6.1=1.9

34. 9-4.9=4.1

35. 11-10.4=0.6

36. 11-5.5=5.5

37. 11.1-1=10.1

38. 12.3-3=9.3

39. 12.9-3=9.9

40. 13.2-1=12.2

41. 13.9-2=11.9

42. 14.8-8=6.8

43. 15.1-1=14.1

44. 15.3-4=11.3

정답

## DAY 24 (자연수)-(소수 두 자리 수), (소수 두 자리 수)-(자연수)

정답 24쪽 | 맞힌 개수:    /42

**이렇게 계산해요**

1-0.23의 계산

$$
\begin{array}{r}
\overset{0\ 9\ 10}{1} \\
-\ 0.2\ 3 \\
\hline
7
\end{array}
\rightarrow
\begin{array}{r}
\overset{0\ 9\ 10}{1} \\
-\ 0.2\ 3 \\
\hline
7\ 7
\end{array}
\rightarrow
\begin{array}{r}
\overset{0\ 9\ 10}{1} \\
-\ 0.2\ 3 \\
\hline
0.7\ 7
\end{array}
$$

10-3=7    9-2=7

6.78-4의 계산

$$
\begin{array}{r}
6.7\ 8 \\
-\ 4\ \ \ \\
\hline
8
\end{array}
\rightarrow
\begin{array}{r}
6.7\ 8 \\
-\ 4\ \ \ \\
\hline
7\ 8
\end{array}
\rightarrow
\begin{array}{r}
6.7\ 8 \\
-\ 4\ \ \ \\
\hline
2.7\ 8
\end{array}
$$

6-4=2

● 계산해 보세요.

| 1 | | | 4 | | |
|---|---|---|---|---|---|
| | 1 | | | 5 | |
| − | 0.1 1 | | − | 4.3 2 | |
| | **0.8 9** | | | **0.6 8** | |

| 2 | | 5 | |
|---|---|---|---|
| | 2 | | 6 |
| − | 1.0 1 | − | 2.9 9 |
| | **0.9 9** | | **3.0 1** |

| 3 | | 6 | |
|---|---|---|---|
| | 3 | | 7 |
| − | 1.0 7 | − | 5.6 1 |
| | **1.9 3** | | **1.3 9** |

| 7 | | 12 | |
|---|---|---|---|
| | 1.2 3 | | 5.5 5 |
| − | 1 | − | 5 |
| | **0.2 3** | | **0.5 5** |

| 8 | | 13 | |
|---|---|---|---|
| | 2.4 8 | | 6.5 8 |
| − | 1 | − | 4 |
| | **1.4 8** | | **2.5 8** |

| 9 | | 14 | |
|---|---|---|---|
| | 3.5 7 | | 7.1 6 |
| − | 3 | − | 6 |
| | **0.5 7** | | **1.1 6** |

| 10 | | 15 | |
|---|---|---|---|
| | 4.0 1 | | 8.0 4 |
| − | 2 | − | 4 |
| | **2.0 1** | | **4.0 4** |

| 11 | | 16 | |
|---|---|---|---|
| | 5.1 4 | | 9.6 3 |
| − | 3 | − | 3 |
| | **2.1 4** | | **6.6 3** |

정답 24쪽

| 17 | | 22 | |
|---|---|---|---|
| | 1 | | 7.0 8 |
| − | 0.0 9 | − | 1 |
| | **0.9 1** | | **6.0 8** |

| 18 | | 23 | |
|---|---|---|---|
| | 3 | | 8.2 7 |
| − | 2.3 4 | − | 1 |
| | **0.6 6** | | **7.2 7** |

| 19 | | 24 | |
|---|---|---|---|
| | 4 | | 8.5 6 |
| − | 0.0 5 | − | 3 |
| | **3.9 5** | | **5.5 6** |

| 20 | | 25 | |
|---|---|---|---|
| | 6 | | 9.2 3 |
| − | 5.6 7 | − | 1 |
| | **0.3 3** | | **8.2 3** |

| 21 | | 26 | |
|---|---|---|---|
| | 7 | | 9.8 1 |
| − | 4.8 2 | − | 1 |
| | **2.1 8** | | **8.8 1** |

27  3−2.01=**0.99**

28  4−3.99=**0.01**

29  6−4.12=**1.88**

30  7−5.23=**1.77**

31  9−8.89=**0.11**

32  10−6.66=**3.34**

33  12−1.11=**10.89**

34  12−9.43=**2.57**

35  12.35−1=**11.35**

36  13.75−2=**11.75**

37  14.44−4=**10.44**

38  15.12−5=**10.12**

39  16.16−6=**10.16**

40  17.89−5=**12.89**

41  19.99−6=**13.99**

42  25.44−11=**14.44**

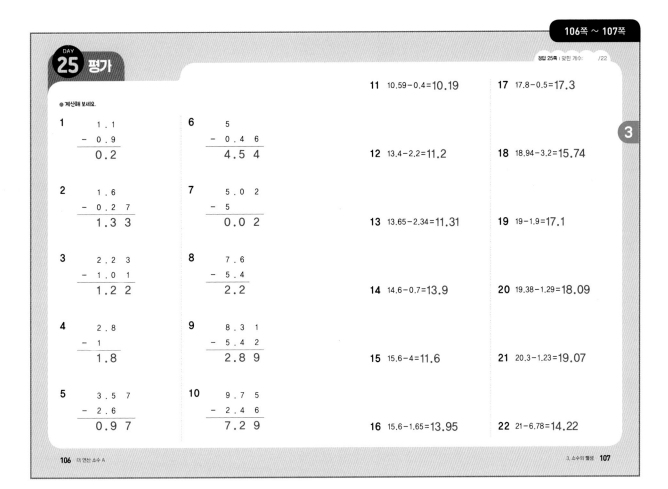

## DAY 25 평가

● 계산해 보세요.

**1**
$$\begin{array}{r} 1.1 \\ - \ 0.9 \\ \hline 0.2 \end{array}$$

**2**
$$\begin{array}{r} 1.6 \\ - \ 0.27 \\ \hline 1.33 \end{array}$$

**3**
$$\begin{array}{r} 2.23 \\ - \ 1.01 \\ \hline 1.22 \end{array}$$

**4**
$$\begin{array}{r} 2.8 \\ - \ 1 \\ \hline 1.8 \end{array}$$

**5**
$$\begin{array}{r} 3.57 \\ - \ 2.6 \\ \hline 0.97 \end{array}$$

**6**
$$\begin{array}{r} 5 \\ - \ 0.46 \\ \hline 4.54 \end{array}$$

**7**
$$\begin{array}{r} 5.02 \\ - \ 5 \\ \hline 0.02 \end{array}$$

**8**
$$\begin{array}{r} 7.6 \\ - \ 5.4 \\ \hline 2.2 \end{array}$$

**9**
$$\begin{array}{r} 8.31 \\ - \ 5.42 \\ \hline 2.89 \end{array}$$

**10**
$$\begin{array}{r} 9.75 \\ - \ 2.46 \\ \hline 7.29 \end{array}$$

**11** $10.59 - 0.4 = 10.19$

**12** $13.4 - 2.2 = 11.2$

**13** $13.65 - 2.34 = 11.31$

**14** $14.6 - 0.7 = 13.9$

**15** $15.6 - 4 = 11.6$

**16** $15.6 - 1.65 = 13.95$

**17** $17.8 - 0.5 = 17.3$

**18** $18.94 - 3.2 = 15.74$

**19** $19 - 1.9 = 17.1$

**20** $19.38 - 1.29 = 18.09$

**21** $20.3 - 1.23 = 19.07$

**22** $21 - 6.78 = 14.22$

## 숨은그림 찾기

정답 25쪽

>> 숨은 그림 8개를 찾아보세요.

# MEMO

# MEMO

# MEMO

아이스크림
더 연산

# 아이스크림에듀 영어 교재 시리즈

영어 실력의 핵심은 단어에서 시작합니다.
학습 격차는 NO! 케첩보카만으로 쉽고, 재미있게!
초등 영어 상위 어휘력, 지금부터 케첩보카로 CATCH UP!

LEVEL 1-1

LEVEL 1-2

LEVEL 2-1

LEVEL 2-2

LEVEL 3-1

LEVEL 3-2